综合医院医疗街
设计研究

郭　晔　谭雅秋　著

中国建筑工业出版社

前　言

　　医疗建筑是整个建筑行业当中功能最为复杂、特征最为明显的类型之一。随着我国医疗卫生事业的迅速发展，医疗建筑数据呈现出成倍增长的趋势，而医疗建筑也发展成为建筑行业的重要分支。实际上，医院不仅是一种诊疗设施，更是一个倡导和引领健康生活的场所，对现代医疗建筑发展趋势进行分析，是现实的需求，亦是发展的必然，不仅可以为患者提供一个健康安全的医疗环境，营造一个愉快的就医氛围，同时对于促进医疗事业的可持续发展也有着十分积极的意义。

　　医疗街设计作为医院建筑设计中的重要组成部分，随着医院建筑数量不断增多，设计规范逐步完善，其功能空间设计、交通路线组织等设计逐渐走向标准化。但相较于西方国家，我国对于医疗街发展的重视程度及设计观念仍存在较大的提升空间，特别是大型综合医院，其体形巨大、功能复杂、流线繁杂，这使得医院建筑的设计需要更高水平的理论指导。通过对医疗街的研究，分析其发展的新动向，能够对大型综合医院的规划与组织有较大的指导意义。

　　什么样的医疗街设计才是好的设计？现有的医疗街设计能否满足现有需求？未来的医疗街设计应该从哪些方面进行思考？这些问题都难以通过建筑师的主观感受与经验进行系统性解决。本书通过引入医疗建筑评价工具，试图构建出一套相对客观、可操作的医疗街评价系统，对医疗街设计进行有效评价与指导，但现有的医疗建筑评价工具大多针对医院建筑整体，针对如医疗街这样特定空间的评价体系是缺失的。同时，现有评价体系其繁杂的工作原理及流程对于处在一线设计岗位的建筑设计师来说具有较大的操作难度。另外，建筑的评估结果始终应指向设计本身，而传统的评价结果是彼此孤立、静态的，其能发挥的价值是有限的。

本书通过梳理医疗街的发展历程，运用集成论的概念从要素、环境、结构三个维度对医疗街系统进行剖析，并充分结合使用者的使用需求，试图构建出一个以人为本的医疗街评价体系。通过选取长三角、珠三角、北方地区具有代表性的三家大型综合医院作为案例，对医疗街评价体系进行补充与完善，最终形成一套动态、可持续的综合医院医疗街评价体系，并给出了医疗街设计的具体策略。

最后，本书的完成离不开公司及团队的支持，非常感谢中国建筑出版传媒有限公司的编辑们在本书出版过程中细致、周到的工作。

目　录

前　言

1　医疗街的起源与发展 001

1.1　医疗街的产生与发展 002
    1.1.1　医疗街的原型 002
    1.1.2　国外医疗街的发展 005
    1.1.3　医疗街在国内的发展 010
1.2　医疗街发展的内在驱动力 015
    1.2.1　技术力量的驱动 015
    1.2.2　人文社会科学的驱动 016
    1.2.3　医疗服务模式、服务体制的驱动 018

2　医疗街模式下综合医院的设计 021

2.1　综合医院的功能构成与组织构成 022
    2.1.1　综合医院的功能结构 022
    2.1.2　综合医院的模式类型 022
2.2　医疗街模式下综合医院建筑的发展与变化 028
    2.2.1　形态特征的发展与变化 028
    2.2.2　空间形式与尺度的发展与变化 030
    2.2.3　功能与环境的发展与变化 032
2.3　医疗街模式在我国的运用现状 033
    2.3.1　医疗街在新建筑中的运用 033
    2.3.2　医疗街在老医院改扩建中的运用 033

3 医疗街系统的构成分析 035

3.1 **将集成论引入医疗街设计** 036
    3.1.1 作为复杂系统的医疗街设计 036
    3.1.2 医疗街设计与集成论 037

3.2 **医疗街系统的集成要素** 040
    3.2.1 功能布局 040
    3.2.2 交通组织 042
    3.2.3 空间组织 046
    3.2.4 寻路导向 048
    3.2.5 环境营造 052
    3.2.6 服务设施 057

3.3 **医疗街系统的环境构成** 059
    3.3.1 系统的时间环境 059
    3.3.2 系统的经济环境 060
    3.3.3 系统的物理环境 061
    3.3.4 系统的社会、文化、制度环境 061

3.4 **医疗街系统的要素结构** 062
    3.4.1 医疗街与医院规划 062
    3.4.2 医疗街系统与医院功能组织 063
    3.4.3 医疗街内部系统 065

4 医疗街使用者的需求、行为分析 069

4.1 **使用人群的需求分析** 070
    4.1.1 病人的心理与需求 070
    4.1.2 医护人员的心理与需求 072
    4.1.3 探视人员的心理与需求 072

4.2 **使用人群的行为分析** 073
    4.2.1 人群行为模式 073

4.2.2　医院人群的行为模式 074

4.2.3　人群的行为模式对空间形态、布局的影响 076

4.3　人性化与医疗街设计 077

4.3.1　医疗街人性化的设计理念 077

4.3.2　医疗街人性化的设计需求 077

5　构建以人为本的医疗街评价体系 079

5.1　高效性 081

5.1.1　功能布局高效 081

5.1.2　交通组织高效 084

5.1.3　空间组织高效 085

5.1.4　寻路导向高效 087

5.1.5　服务设施高效 087

5.2　健康性 088

5.2.1　环境营造健康 088

5.2.2　服务设施健康 090

5.3　安全性 091

5.3.1　功能布局安全 091

5.3.2　空间组织安全 093

5.3.3　服务设施安全 093

5.4　舒适性 095

5.4.1　功能布局舒适 095

5.4.2　交通组织舒适 096

5.4.3　空间组织舒适 097

5.4.4　环境营造舒适 099

5.5　可持续性 101

5.5.1　功能布局可持续 101

5.5.2　交通组织可持续 102

5.5.3　环境营造可持续 102

6 大型综合医院医疗街的实际案例 103

6.1 大型综合医院分析案例选择 104
6.1.1 医疗建筑与地域环境 104
6.1.2 医疗建筑与医疗环境 105
6.1.3 研究对象选择 105

6.2 珠三角地区——香港大学深圳医院 107
6.2.1 基本信息 107
6.2.2 高效性分析 109
6.2.3 健康性分析 115
6.2.4 安全性分析 116
6.2.5 舒适性分析 117
6.2.6 可持续性分析 119

6.3 北方地区——郑州大学第一附属医院（郑东院区） 121
6.3.1 基本信息 121
6.3.2 高效性分析 122
6.3.3 健康性分析 126
6.3.4 安全性分析 127
6.3.5 舒适性分析 128
6.3.6 可持续性分析 130

6.4 长三角地区——浙江大学医学院附属第一人民医院余杭院区 131
6.4.1 基本信息 131
6.4.2 高效性分析 132
6.4.3 健康性分析 139
6.4.4 安全性分析 140
6.4.5 舒适性分析 140
6.4.6 可持续性分析 142

7 综合医院医疗街评价体系的建立 ···················· 144

7.1 医院建筑评估理论研究 ···················· 145
    7.1.1 建筑使用后评估的基本概述 ···················· 145
    7.1.2 现有建筑后评估研究梳理 ···················· 148
7.2 构建评价体系新原则 ···················· 154
    7.2.1 评价前端——指标系统性原则 ···················· 154
    7.2.2 评价中端——工具有效性原则 ···················· 159
    7.2.3 评价后端——建立动态评价机制 ···················· 160
7.3 综合医院医疗街评价体系的形成 ···················· 163
    7.3.1 评价范围及流程 ···················· 163
    7.3.2 利用结构性问卷进行定量评价 ···················· 164
    7.3.3 利用行为测量评价法进行验证性评价 ···················· 175
    7.3.4 建构动态评估辅助知识库 ···················· 179

8 医疗街设计优化策略及未来展望 ···················· 183

8.1 医疗街设计优化策略 ···················· 184
    8.1.1 功能布局优化策略 ···················· 184
    8.1.2 交通流线优化策略 ···················· 185
    8.1.3 空间组织优化策略 ···················· 189
    8.1.4 寻路导向优化策略 ···················· 192
    8.1.5 环境营造优化策略 ···················· 194
    8.1.6 服务设施优化策略 ···················· 196
8.2 医疗街设计的展望 ···················· 197
    8.2.1 理念革新 ···················· 197
    8.2.2 模式革新 ···················· 199
    8.2.3 设计革新 ···················· 201
参考文献 ···················· 203

1

医疗街的起源与发展

1.1 医疗街的产生与发展

1.1.1 医疗街的原型

1. 演变中的医疗模式

医疗模式作为一种复杂的系统，涉及患者从患病到康复的全过程，医生使用的器械和药品，以及患者与医生之间形成的关系。该系统一直受到医疗技术、社会经济、科学文化等多方面因素的共同影响而不断发展、演变。医学技术的发展方向、社会经济以及科学文化价值观念都会对医疗模式产生重要影响。

医院作为人类的重要基础设施，承担着保障生命、治疗疾病、恢复健康的重任。自其出现以来，医疗模式的发展经历了三个阶段：早期以个人感性经验为主的机械论医疗模式，近代以群体理性实验分析为主的生物医疗模式，如今则发展到以患者为核心的生物—心理—社会医疗模式，每种医疗模式发展的特征都体现在其对应时期的建筑设计中，如表 1-1 所示。

医疗模式的发展 表 1-1

医疗模式	产生时期	背景	特征	哲学观
神灵主义医疗模式	原始社会	社会生产力低下，大自然对人类健康的影响巨大	认为人的健康与生命是神灵赐予，疾病是神灵的惩罚，治病只能祈求神灵保护	唯心主义的医学观，用超自然的力量解释人类健康和疾病
自然哲学医疗模式	奴隶制社会	"四体液学说"和"阴阳五行学说"等古代朴素的整体思想	把人、自然、社会视为一体，把疾病看作心理、社会、环境诸多因素作用于机体后的整体反映	朴素唯物主义的医学观，以自然哲学理论为基础的思维方式来解释健康和疾病

医疗模式	产生时期	背景	特征	哲学观
机械医疗模式	15世纪下半叶	欧洲文艺复兴和工业革命的发展	将生命现象归结为机械和物理规律，忽视人的社会性和生物性	机械唯物主义的医学观，以机械论的观点和方法来观察和解释健康与疾病
生物医疗模式	18世纪下半叶和19世纪	生物医学的发展	忽视人的社会属性和心理、行为、环境因素对人的影响	机械唯物主义的医学观，从人体的生物属性来观察和解释健康与疾病
生物—心理—社会医疗模式	20世纪	现代医学发展，疾病谱和死因谱改变，卫生保健需求	多方面预防疾病和促进健康	辩证唯物主义医学观，从整体的角度认识健康与疾病

1）机械医疗模式

机械医疗模式作为一种历史悠久的医疗方式，伴随着医院雏形的出现。这种模式在奴隶社会晚期至封建社会期间得到了广泛的运用。在此期间，由于医疗技术水平的整体提升，医疗摆脱了仅通过眼睛、耳朵和鼻子等器官来诊断疾病的方式，医疗相关从业人员对医学也有了更深的认识。

但机械医疗模式还是以个体感性经验为主，因此在此阶段医疗方式往往以分散、流动、个体化的方式出现，医疗机构还没有以集约化的形式出现，因此不能算是严格意义上的医院。

2）生物医疗模式

生物医疗模式出现于近代工业革命后，建立在群体理性的实验分析方法之上。它的开始源于17世纪欧洲的哈维血液循环的发现，这一发现为近代工业革命提供了重要的理论支撑，并为医学的发展提供了重要的科学依据。

随着18世纪和19世纪生命科学的飞速发展与先进设备的广泛应用，医学技术产生了颠覆性的改变，现代医学也取得了前所未有的进步。生物医疗模式使得现代医学有了更加细致的分类，为病人创造了更多的治疗选择与可能性。

3）生物—心理—社会医疗模式

生物—心理—社会医疗模式为人们提供了全面、深刻理解疾病的方式。该模式的出现，让人们意识到心理、社会等因素与人类疾病和健康之间存在密切的联系。

医院内部功能随着"医学、防治、保护、康复"复合型医学教学模式的发展产生了巨大的变化，设计理念从单纯的医疗保健转变为人类至上的科学研究发展。以提升医疗环境质量为目标，关注人性化的理念，逐渐成为现代医院设计的主要原则。

同时，该模式的发展也使得大量现代医院建设由离散式转变为聚集式。新中国成立以来，公立医院基本上采取了集中式布置；1990年代至今，医疗街模式逐渐成为我国综合医院建设的主流。

2. 医疗街的演变

医疗街的雏形起源于19世纪中期的欧洲，医学专业分科及诊疗分配都得到了进一步的加强，这使得技术人员与机械设备分散到各个科室，医生、护士之间产生了新的分工模式。随着人们对于疾病的认识逐渐加深，对医疗建筑的关注重点逐渐转向日照、通风等因素。为防止院内疾病传播，许多医院采取了分栋式布局，南丁格尔更是从护士的角度更新了医院建筑设计的原则，建立了"南丁格尔式"公立医院和"广厅式"医院（Pavilion Style），"南丁格尔式"医院中的"拱廊"和"边廊"就是医疗街的雏形。1859年建立的伍尔维奇赫伯特医院（图1-1）和1867年建立的伦敦圣汤姆斯公立医院都属于典型的"南丁格尔式"医院。

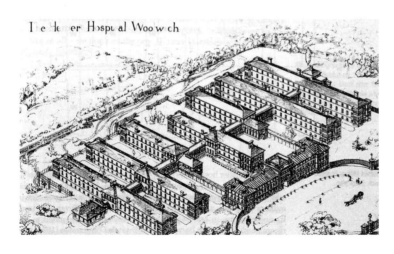

图1-1　英国伍尔维奇的赫伯特医院

1.1.2 国外医疗街的发展

国外医疗街的发展主要可以分为四个时期：停滞期—探索期—成熟期—人性化期。

1. 停滞期

与圣汤姆斯医院同一时代的另外一种医院模式代表作是 M.P. 高蒂尔（M.P.Gauthier）设计的巴黎拉丽波瓦西埃医院，其将各种医疗服务分散设置于单体当中，主体沿中轴对称，成为第一座庭院式的医院。

20 世纪初，类似圣汤姆斯医院的"广厅式医院"并未得到广泛推广，而类似拉丽波瓦西埃医院的庭院式布局却在欧洲大行其道，成为当时的主流建筑风格，并在全球范围内得到普及。廊道在各建筑单体之间的作用仅限于交通，并没有能够有效地划分及组织主次空间，使"医疗街"的发展陷入停滞期。

2. 探索期

20 世纪 20 年代以来，科学技术迅速发展，这使得科学研究与临床医学紧密联系，科学医学（scientific medicine）能取得更好的治疗效果，尤其是 X 射线、血型化验等新兴技术的应用，医疗设备精确度的不断提高，使得医技部逐渐成为医院中不可或缺的一部分，与门诊部和住院部共同构成医院的核心。随着建筑技术的进步，电灯、电梯及空调的应用越来越广泛，原本满足采光、通风以及交通需求的庭院式布局已不是唯一选择，这些变化使得医院从传统的分散式布局向更加紧凑的集中式布局发展。

医院建筑设计也随之进入了一个新的发展阶段，尤其是对功能空间的研究及对建筑风格的探讨更是成为重点。在探索使用功能和空间合理性的过程中，不同的医疗建筑形式应运而生，为人们提供了更多选择。在医院建筑中，门诊、医技和住院的结构形态及功能定位都是重要的设计组成部分，按三者的空间关系及发展脉络可分为以下几个类别。

1）分散式 —— 分栋连廊型

分栋连廊型医院的特征在于保持建筑之间的良好分隔，并通过连廊相互联系。这种方式在保证功能使用灵活性的同时，避免了相互干扰。因此，此种模式通常被用于拥有足够空间的大型医疗机构及需要严格控制疫情的传染病专业机构。但此种模式也有不足：连廊功能较为单一且流线过长；设计过程中往往将门诊、医技及住院布置完善后再接入廊道，这使得廊道的形态较为随意、不够完整。

英国建筑师约翰·威克斯（John Weeks）和李维尔·戴维斯（Liewelyn Dawies）从"生长"的视角，提出了"机变论"的概念，旨在为医疗机构的建设提供更多的灵活性。约翰·威克斯逐渐意识到以系统性的建筑逻辑组织医院形态的重要性，医疗街的理念由此诞生，并且他把这一理念应用到了伦敦诺斯威克公园医院（图1-2）的设计之中，使其成了一座具有里程碑意义的医院。"生长"和"变化"的特性被充分考虑到了医疗建筑的规划与设计当中，相较于传统的分栋连廊型医院，诺斯威克公园医院的医疗街设计更加注重"组织者"的规划，以确保原有和新建建筑之间的联系，使医院各部分成为一个有机整体，街道在尺度与走势方面已经初步具备了医疗街的特性。

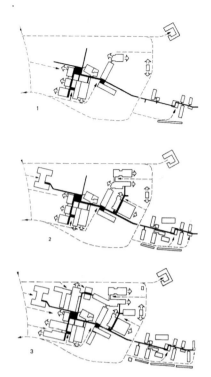

图1-2 伦敦诺斯威克公园医院总体"生长"示意图

2）集中式 —— 竖向发展模式

对于医疗效率的追求使得医院建筑朝着集中模式发展，这种模式促使了建筑竖向发展，主要有以下三种集中类型。

（1）大厅型

以"广厅式"医院为原型，爱德华·斯通（Edward Durell Stone）在1972年设计的美国加州艾森豪威尔纪念医院拥有了更宽敞的大厅。随着时代的发展，越来越多的公共建筑设计也发生了演变，传统共享大厅的空间模式转变为更加开放的形态。

（2）巨型板块型

"现代主义"具有一定的"英雄主义"倾向，强调简洁、宏伟、力量，而这种风格同样也被运用到了医院建筑上，形成了一种巨型板块模式。这种模式具有以下特征：①将患者聚集到一个较小的矩形空间中，以缩短路径、节省土地；②尽可能避免建造高楼，以减轻竖直交通的压力；③建筑结构采用大跨度的设计，保证空间的灵活性与通用性。然而这些医院虽面积巨大，但内廊错综复杂，犹如一条条小巷，主次不够分明，空间导向性较差；且医疗街的封闭环境也给患者和医护人员带来了更多的心理影响。

（3）塔台型

塔台型医院通过水平方向集中布置及垂直方向发展，形成了底层裙房与上部塔楼相结合的形态。这种模式可以将门诊、医技以及住院按照下、中、上的顺序组织在一起，构成一个完整的建筑体。日本作为一个资源极度匮乏的国家，此种模式被广泛运用，日本神户市民医院（图1-3）、金泽医科大学医院等医疗机构的案例数量众多。

这类医院的空间具有以下特征：①医技位于门诊与住院之间，同层设置相同或相似的功能，因此各层内部通道并没

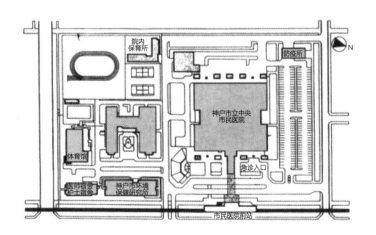

图1-3　日本神户市民医院总平面图
（资料来源：罗运湖的《现代医院建筑设计》）

有主次之分，"医疗街"的概念被削弱；②共享空间成为医院的核心结构组织，从底楼到顶楼由共享的室内大厅环绕，走廊与庭院相连，病房靠外侧布置。

该类医疗建筑模式可以显著减少部门之间的距离，极大地提升工作效率，但也因为医院的空间相对狭小，所以交通廊道常常被设置在建筑物的内部。

3）介于分散和集中之间的紧凑式 —— 枝丫型

传统的分散式医院由于空间层次较为简单，一条直线的廊道便可以串联起各个部分。但随着医疗服务范围的不断扩大，需要跨部门、跨层次的协调配合越来越多，传统的水平空间结构已无法满足大规模复杂任务的需求。因此，多维度、多层次的空间结构成为空间管理必不可少的元素，再加上场地的限制，分栋式建筑必须保持最小的间距，但这也限制了单体的发展。为此，医院的发展需要通过延长廊道或增加廊道分支进行拓展，单元之间较近的距离使得交通流量大幅增加，廊道的宽度也由此扩展，实现了从"廊"到"街"的转变。伊藤诚的日本千叶县肿瘤中心（图1-4）便是很好的例子，其中心位置设置了一条主要廊道，并以此为基础向外延伸出若干条支廊。医疗街的排布方式使医院布局变得更加规整、清晰，效率得到了显著提升，且每栋建筑之间的院落空间也满足了采光和通风的需求。随着医疗建筑功能内涵的扩大，医疗街将线性空间在功能和空间上再进行了细分，由此形成了现代主义建筑时期的医疗街系统。

图1-4　日本千叶县肿瘤中心
（资料来源：罗运湖的《现代医院建筑设计》）

3. 成熟期

现代主义观念之下，建筑师们往往有着寻求运用简洁空间语言解决复杂问题的理想。但事实证明，想要通过简单模式来建设充满复杂性和矛盾性的医疗建筑是不可行的。后现代主义思想为医疗建筑提供了一种新的视角，它能够应对复杂的环境，且能满足人们对宜人、愉悦感受的需求。运用后现代主义的视角来审视医疗建筑，打破了"治疗疾病的机器"的概念，对西方发达国家的医疗建筑设计带来了深远的影响。

由此可见，单一的水平或竖向模式已不能满足复杂的需求，因此医疗建筑又出现了两种主要的发展方向。

1）高低结合的双向发展模式

将水平方向的低层与垂直方向的高层有机融合，在低层设立门诊、医技，使其与地面联系，以满足不断变化的功能需求；高层病房大幅削减平面尺寸，以提升采光和通风效果。

2）母题重复的单元拼接模式

为缩短医疗建筑设计及建设周期，医疗建筑标准化设计开始产生。采用 Nucleus 体系，标准模块可以灵活地进行拼接、组装，多用于低层的横向发展。但依靠单一的主干道无法有效地解决水平交通问题，因此在医疗建筑设计当中出现了厅街组合的医疗街形式。

4. 人性化期

查尔斯·詹克斯和罗伯特·文丘里阐释了现代主义建筑与后现代建筑的不同，前者以严谨、纯粹、极少主义为特征，后者则以丰富的材料、色彩、符号和装饰为特点。后现代主义建筑注重实现"使人愉悦"的理念，人文关怀的设计既能满足身体需求，又能满足心灵需求。因此，这个时期大型购物中心（Shopping Mall）的设计理念被广泛应用于医疗建筑设计当中，以满足人们的不同需求。

Mall 的本意是"林荫道"，Shopping Mall 的英文原意是"散步道式的商店街"，Mall 的设计既考虑到空间的实用性，又充满人文关怀，使它们能够轻松地融入医院的主要街道上，从而使得医疗街（Medical Mall）的概念得以实现，不再受到传统医院主街的限制。

"医疗街"对 Shopping Mall 的借鉴主要体现在以下几个方面：

（1）单一入口向多入口转变。大型综合医院的发展使得原有住院、急诊、门诊的简单分流已无法满足当前需求，多入口模式的医疗街能够提高医院的交通效率、减少交通压力。

（2）对空间进行主导。医疗街将各个功能区域的主要入口和出口连接起来，成为医疗建筑的主干，并配备醒目的指引标志，以增强建筑内部空间的视觉识别度。

（3）引入复合功能。在医疗街设置各种商业服务设施，如商店、餐厅等，让使用者在这里漫步，体验到购物中心的氛围，有效缓解其前往医院的焦虑和压力。

但另一方面，医疗街与购物中心也有不同之处，在医疗街当中，人们的消费习惯不仅仅局限于购买一些与自身疾病有关的商品，还有一些更深层次的社交活动，比如健康咨询、心理辅导、家庭护理等，这些都成为了医疗街的重要组成部分。

1.1.3　医疗街在国内的发展

要研究医疗街在国内的发展情况，就必须从西式医院的兴起开始。北京协和医学堂作为中国西式大型综合医院的代表，历史悠久、技术水平领先、影响力深远，在当今医疗界的地位无可替代。在此之后我国医疗建筑的发展也多受国外先进医疗建筑设计的影响。

1. 协和模式

1915 年，北京协和医学堂（图 1-5）开始兴建，由美国建筑师 Charles A.Coolidge 设计，采用了中国传统建筑的大屋顶样式，结合"广厅式"模式及南丁格尔式的大病房，建筑单体由廊子串联。但协和医学堂的廊道与西方的"广厅式"模式有很大的不同，协和医学堂多用室外廊道，使用起来不太舒适，且仅仅是作为交通工具，没有达到"医疗街"模式的标准。

图 1-5　北京协和医学堂

2. 停滞期

1）风格杂糅期

自协和模式之后，中国的医疗建筑不断演变，融汇了东西方的元素，形成了多元化的混搭风格，其具有以下特点：

（1）与其他类型建筑类似，现代主义更多地被当作一种风格进行使用。

（2）建筑设计既要满足实际需求，也要遵循工整对称的基本原则。

（3）平面布局主要以南丁格尔式医院的空间结构为基础，按照大病房的思路进行布局。

总之，在此时期人们更偏向于对建筑风格的研究，对医院建筑的功能和空间组合的研究则更多地侧重于借鉴。

2）低标准建设期

在新中国成立后的很长一段时间里，我国的医院建筑大多呈现出低水平发展的趋势，且大多数医院布局也比较松散。医院建筑的研究一直处于停滞状态，尤其是在普通医院的设计方面更是如此。这个阶段的医院由于建筑质量较低，许多基层医院只能依靠原有建筑进行改造；而新建的医院，其外观和当时其他建筑的布局也大体上保持一致。

随着时间的推移，我国形成了覆盖全国的三级医疗体系，即直接为社区提供医疗、预防、康复、保健综合服务的基层医院（一级）、跨越几个社区提供医疗卫生服务的地区性医院（二级）、跨地区、省、市以及向全国范围提供医疗卫生服务的医院（三级）。这些大型综合性医院的建设也越来越专业，形成了一支由医学专家、医疗设备专家以及建筑师共同参与的专业化规划与管理团队，这对中国医院建筑的发展产生了深远的影响。但受到当时的社会经济水平限制，综合性医疗机构的规模并不是很大，且功能主义的设计理念是当时的主流，功能是医院建设的最高考量标准。

为满足当时的医疗需求，将分栋连廊型与枝状空间相结合成为了许多大型医院的最佳布局方案，这种方式比仅采用分散式或连廊式更加符合实际需求。但此阶段的医疗建筑设计依然存在一定的问题：

（1）建筑多采用窄进深的内廊结构，如果需要在平面上进行多个方向的延展，需要通过挖内院减少黑房间，这也使得建筑内部的庭院空间较小且较为零散。

（2）医疗街在此阶段已不再局限于交通功能，还设置了一定的候诊区域，但由于门诊人数的激增，内部走廊的候诊室变得极其拥挤。

3. 发展期

20 世纪 80 年代，随着国家改革开放政策的推进，原有医疗体制的弊端和问题日益凸显。为解决中低端医疗机构普及过高而高端医疗机构不足的问题，政府提出了向大型医疗机构和高技术医学发展倾斜的变革方针，且在行业管理上也逐步转向企业化，医疗建筑由此迎来了一个大规模的建设时期，许多这一时期的建筑现在仍在作为主要的医疗空间进行使用。

首先，医院的规模不断扩大，1950 年代的城市医院床位数量大多在 300 ～ 400 床，80 年代各种学科越来越丰富，床位数量扩大到 500 ～ 600 床，部分特大型医院甚至达到了 1000 床以上；其次，新建或扩建的医院着眼于将医疗、教育和科研相结合，以提升整体的服务能力，打造出一个更加完善的医疗体系；再次，大型医院随着医疗技术的进步开始配备 X 线机、CT、加速器、核磁共振等设备，使医技需求变得更加复杂。这些变化均使得医疗建筑设计理念和方法得到了显著的提升。

在此时期，许多建筑仍采用多栋连廊式的空间布局，但为了提高内部流线的便捷性和合理性，每栋楼的平面进深都有所增加，同时栋与栋之间的空间也有所缩小。例如，1984 年建成的中日友好医院（图 1-6），其布局非常紧凑，采取了一条东西向的连接主线，将门诊、医技、病房、康复、后勤等功能紧密结合，建筑单体之间的联系紧凑，很多功能空间进行了两两组合，形成了"疏可走马，密仅透风"的完整结构。使得组团与组团之间拥有足够的空间进行扩建，组团内部采用双廊式布局，形成内部天井，每个科室的中间走廊被扩展成了二次候诊区。

随着技术的进步，医疗街成为越来越多医院建筑设计中整合复杂资源不可或缺的重要元素。1993 年兴建的佛山市第一人民医院（图 1-7），便是以医疗街的形式组织医院空间，医院用地呈长方形，建筑采用了半集中式的布局，在减轻竖向交通压力的同时，能够提高人员和货物的运输效率。医疗街将门诊、医技和病房等功能紧密联系起来，长厅中的自动扶梯和楼梯起到了连接各层空间的重要作用，并在医院内部建造四个院子，让每个科室都能够自然通风和采光，医疗街起到了交通分流与空间识别的作用。

佛山市第一人民医院医疗街的设计形态启发了很多大型医院，大家纷纷开始考虑如何打造出一个具有特色的医疗街空间，即在作为一个充满辨识度的交通空间的同时，也可以成为一个能让患者感受到温暖的公共空间。

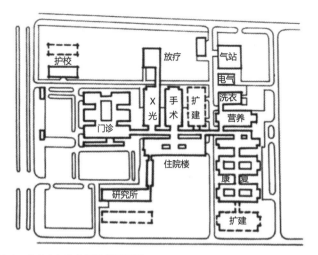

图1-6 北京中日友好医院总平面图
（资料来源：罗运湖的《现代医院建筑设计》）

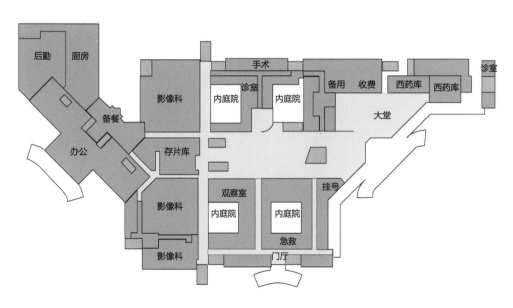

图1-7 佛山市第一人民医院门诊大厅及医疗街平面示意图
（资料来源：罗运湖的《现代医院建筑设计》）

1.2 医疗街发展的内在驱动力

通过对医疗街的历史演变进行梳理，我们不难看出其发展是有一定规律的，要想掌握这种规律，总结医疗街发展的新趋势，就必须窥探出其内部发展的原生驱动力。

1.2.1 技术力量的驱动

1. 医疗模式的改变

不同的文化背景及医学目的造就了医学教学及临床实验上不同的风格，这种风格便是我们通常所说的"医疗模式"。每一种"医疗模式"对应不同的医疗建筑模式，也因此"医疗模式"的变革是推动医院建筑建设的重要驱动力。

医疗模式从古至今经历了三个主要阶段：萌芽时期以个体感性经验为基础的机械医疗模式；近代工业革命以群体理性实验分析为基础的生物医疗模式；现代以关怀病人为核心的生物—心理—社会综合医疗模式。

1.1 节已对此进行过详细的叙述，故这里不再展开。

2. 医疗技术及设备的升级

医疗技术的进步大幅推动着医院建设，新型设备层出不穷，功能集成度越来越高，医学研究向着宏观和微观两个方向深入发展。随着手术与影像技术的进步，介入治疗技术也取得了长足的进展，例如内窥镜、微创手术、心血管造影仪和导管支架等。

医院影像技术的发展使其由原来的诊断模式转变为诊疗模式，也因此给医疗建筑空间带来了一系列的变化：内窥镜中心及微创手术中心取代门诊诊断科室，导致医疗单元布局产生变化；手术中 CT 技术的运用优化了手术室的布局，提高了手术效率。

随着科学技术的进步，医技部门从最初的检验、病理、心电、超声等按基础部门区分到如今系统化发展，这也使得建筑空间拥有了复杂性与动态性。

3. 互联网技术的运用

互联网技术的普及使得大量数字化医疗设备在医院当中得到使用：无纸化、信息化的医疗图像文档储存、管理及传输，常态化的远程手术、远程会诊，信息化的医院行政管理以及智能化的医疗流程。

同时，在面对巨大门诊量所带来的就诊时间长、环境拥挤嘈杂等问题时，互联网技术也使其得到了充分的缓解。开展网络预约挂号，使得挂号服务从一层大厅转移到楼层交通枢纽、一次候诊区附近，从而有效缩短了患者的排队等待时间。技术的进步使得排队等待时间与人工操作需求大幅减少，相应的公共空间也产生了变化。

4. 工业与建筑技术的开发与应用

随着工业与建筑技术的不断进步，尤其是生物洁净空调技术的广泛应用，大型空调设备、机器人手术仪、护理机等设备成为了医疗领域的重要组成部分。大型空调设备和新风系统的普及，使得医院大空间模式也得到了越来越多的使用。

1.2.2　人文社会科学的驱动

1. 以患者为中心的人性化设计理念

二战结束之后，欧洲迎来了大量的医院改建，形成大规模的以布局集中、体量巨大为特点的医疗中心。医院逐渐演变成治病工厂，在重视效率的同时也逐渐显示出医疗环境恶劣与对人性关怀缺失的问题。越来越多的研究表明，良好的医疗环境可以显著提升医疗服务的效率。美国得州农工大学建筑学院的罗杰·乌尔里希在 20 世纪 70 年代末开始研究环境美学对于医院患者的情绪和心理影响，于 1984 年发表了一篇名为《窗外景观可影响病人的术后恢复》的文章。文章对比了两组胆囊手术住院患者，一组患者的靠窗病床面对的是有树的自然景观，另一组患者面对的窗景是一堵砖墙。最终的调查数据显示，窗前能看到自然风景的患者群体住院时间较短（7.96 天相较于 8.7 天），术后并发症较少，需要较少麻醉止痛药剂，并且从医护人员那里得到更多正面的病例评论（例如：病人的精神很好）。而面对砖墙的患者群体得到更多的负面评价（例如：病人情绪不好，需要更多的鼓励）。许多医疗和社会科学研究者也很多次地重复了乌尔里希的实验，实验证据与结果都是一致的。

医疗环境的人性化概念逐渐成为 21 世纪医疗改革及发展关注的共同焦点，这种设计思路及理念的革新不仅仅是对于传统现代主义医疗建筑的一种反叛，崇尚人文主义、以病人为中心的基调更是逐渐消解了医疗建筑"施予""控制"的理念，并被越来越多的人所接受。

2. 环境心理学、环境行为学

人与环境之间存在着密切的联系，两者之间的交互构成了一个复杂系统，包括外部刺激、内部反馈及外化成行为所造成的影响。医疗作为构成病人生活环境的重要因素，不仅改变患者的日常行为，还深刻影响着他们的心理健康。患者年龄、病情等个体差异导致其需求也是各不相同，我们需要通过环境心理学及行为学等手段明确需求并在平面布局、建筑造型、内部空间、环境营造等方面探寻出具有针对性的设计，才能为患者提供更具人性化的空间。

3. 可持续发展理念

现如今可持续发展成为了全球化的共识，各国大力推行绿色建筑，试图以最大限度节约资源、不损害后代需求的理念，创造更加安全、舒适的人居环境。绿色医院的理念也就因此应运而生，自 1990 年《建筑研究院环境评估方法》（BREEAM）第一版发布以来，建筑环境评估领域日渐成熟，全球范围内建筑环境评估方法的数量快速增长。例如，英国的 BREEAM^①、美国的 LEED^②、德国的 DGNB^③、日本的 CASBEE^④、澳大利亚的 NABERS^⑤以及印度的 TGBRS^⑥等。

与传统的公建相比，医院拥有更先进的医疗设施、更快的运行速度，这也使其能耗较其他传统的公共建筑更大，给社会带来了更严重的环境污染。如何达到高效率与低能耗的平衡成为医院必须面对的难题，这一难题也构成了医院规划与设计的关键。

1.2.3 医疗服务模式、服务体制的驱动

1. 医疗改革的不断退进

当前，按照医院规模与区域功能定位，将城市与农村的医疗机构由少到多分为三级，但是市场机制的介入及政府管理等原因使得医疗资源配置呈现"倒金字塔"的状态。随着医疗改革的不断完善，我国医院的办医模式正在解决这一矛盾，从宏观来看我国推行的办医模式主要有三种，它们分别是"大综合小专科""大专科小综合"以及"小专科小综合"。也因此大型综合医院的空间也跟随其定位、职责及服务范围发生了显著变化。

1）功能比例调整

以往各级医院可以根据相对统一的比例参考值进行功能面积的调整，但在医改推行的"大综合小专科""大专科小综合"以及"小专科小综合"三种模式下，不同级别的医院的功能定位及功能配比也各有不同。

另一方面，大型综合医院对于复杂疾病的治疗需求也在逐年增加，急诊与医技的规模有所增加，普通门诊的数量则是呈现下降的趋势。但是单人诊室、分层诊疗模式以及为多点执业

① BREEAM（Building Research Establishment Environmental Assessment Method）是英国建筑研究院提出的环境评估方法，被称为英国建筑研究院绿色建筑评估体系。
② LEED（Leadership in Energy and Environmental Design）是能源与环境设计先锋的绿色建筑评估体系，由美国绿色建筑协会（USGBC）发起。
③ DGNB（Deutsche Gütesiegel für Nachhaltiges Bauen）是德国可持续建筑认证标准。
④ CASBEE（Comprehensive Assessment System for Building Environmental Efficiency）是日本建筑物综合环境性能评价方法。
⑤ NABERS（National Australian Built Environment Rating System），澳大利亚国家建筑环境评分系统。
⑥ TGBRS（TERI Green Building Rating System），泰瑞绿色建筑评级系统。

医生准备的固定诊室又会使得门诊的数量不至于大幅减少。

2）布局形态改变

随着医院部门结构、诊疗模式的转变，医疗资源配置的调整以及医生多点执业政策的推动，使得医院的门诊部更像写字楼，大型综合医院往往呈现出多样化、专业化、中心化的特征。医疗服务不再局限于门诊、医技、住院三个部分的组合，而是以医疗街为主要交通干道，串联起各个专业小型医院，这也就是我们所说的"院中院"布局模式。

2. 现代医疗服务理念与模式的改变

医院建设发展的重要因素之一便是医疗服务模式的改变，模式改变主要体现在结算方式与分科方式两个方面。

1）结算方式改变

移动网络的发展使得挂号结算由原来的手动操作模式发展到了如今的电话、网络预约等形式。新技术的出现使得挂号结算不再以一个实体集中式场所为端口出现，而是被虚拟化、分层化、系统化，传统挂号流程的前置与消解使得医院排队时间大幅缩减、相关人力大幅减少。

2）分科方式改变

医院的分科方式随着医疗观念的改变也从原来依据治疗手段的划分转变为基于人体生理机制的划分。新的医学理论消解了内科与外科的简单划分，患者在医院将通过一站式服务，大幅缩减患者诊疗流程、提高治疗效率。同时，通过设置门诊非处方药房、门诊药房和住院部药房，医院内部药房面积也相应减少。

3. 患者对于医疗环境的要求

随着医疗水平的提高，患者对于医疗环境的要求也越来越高，采用酒店的方式接待病患逐渐成为西方临床医疗中心的趋势。在我国越来越多的民营医院也开始尝试以酒店式服务引入患者，但大多数大型综合医院在资金投入及资源配置的挑战下难以实现。但从医疗建筑发展的设计角度看，用酒店化设计改善医疗环境依然是一种大趋势。

在B+H建筑设计事务所设计的厦门如心妇婴医院（图1-8）中，医疗团队秉持"3H"

原则——即"整体照护"（Holistic Care）、"酒店式风格"（Hotel Style）和"家庭般温暖"（Home Warm）。公共区域中石材和硬木的选用带来自然的气息，而面料和墙纸的色彩对比则让室内空间灵动多变，令人遐想。同时，将餐厅、瑜伽室、营养/烹饪教室、新生儿游泳池等大量配套至公共设施设计当中，为孕妇、新手妈妈提供健康、愉悦的社交环境。

4. 医疗设施的可靠性、安全性要求

新冠疫情的爆发为全球的医院建筑设计带来了极大的挑战，如何有效地隔离和收治传染病患者，如何应对大范围医院内部感染，都成为了当前新建医院设计的重难点。许多原有大型综合医院也面临应急改扩建，医院建筑的可靠性和安全性显得尤为重要。正因如此，探索有效的医院建筑设计措施以应对突发公共卫生事件，对于保障公众健康和医疗安全具有重要意义。

图1-8 厦门如心妇婴医院室内照片
（资料来源：B+H Architects）

2

医疗街模式下综合医院的设计

2.1 综合医院的功能构成
与组织构成

2.1.1 综合医院的功能结构

医疗建筑作为公共建筑重要的组成部分，特殊的功能属性使得整体效率成为其规划与设计的核心，功能属性、结构形态、组织流线与空间格局均需要遵循严谨的逻辑推导，而这种逻辑性则源于当代医疗科学的发展。

"综合医院"是指综合了多科室、多专业的医院，包括内科、外科、妇产科、儿科、耳鼻喉科、眼科、药科、检验及放射科等；按照部门划分分为门诊、医疗、住院、后勤及生活服务五大板块。医院运营管理体系包括人流、物流及信息流三种：医院通过交通系统疏导人流；通过物流系统为患者的药品等物资的运送提供便利；信息流则为患者就诊活动提供及时、便捷的服务。医院主要科室基本流程如图2-1所示。

2.1.2 综合医院的模式类型

综合医院形态及布局受到多种因素影响，包括功能、美观、安全等因素。随着现代生物—心理—社会医疗模式的出现，各功能区的关系及权重均发生了巨大的改变，加上规划要求、医疗服务、政府政策等客观外在因素影响，综合医院的建设模式也在不断演进，其模式大体可以分为医疗街式、庭院式、套院式、厅堂组合式、板块组合式五种。

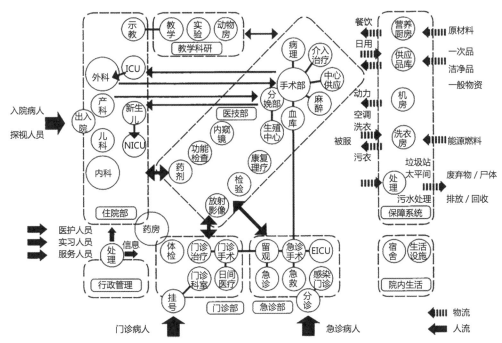

图 2-1　医院主要科室基本流程
（资料来源：《建筑设计资料集》）

1. 医疗街式

医疗街式医院作为综合医院的重要组成部分，其以交通系统作为导向将各个医疗功能有机串联，这种模式的特点是空间层次分明，能够充分激发使用者对于空间的识别性，功能布置规整高效，交通流线流畅便捷。东莞康华医院（图2-2）便是医疗街医院的经典案例。

2. 庭院式

庭院式医院通过将医疗设施及相关配套围绕庭院及中庭进行布局，使得就诊流程闭合成环。该模式的空间序列可辨识度强，具有良好的自然通风和采光条件，就诊流程便捷高效，同时围合空间可以使得医院内部环境变得更加宽敞。重庆大坪医院（图2-3）便是庭院式医院的经典案例。

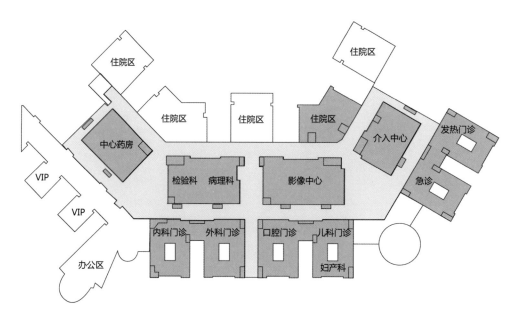

图 2-2 东莞康华医院一层平面示意图
（资料来源：改绘自《建筑设计资料集》）

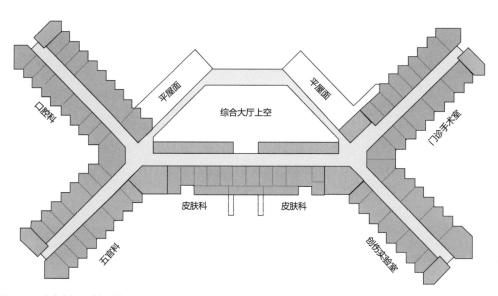

图 2-3 重庆大坪医院门诊部二层平面示意图

3. 套院式

套院式医院通过引入多个院落，将各医疗功能围绕院落进行布置，以满足不同的医疗需求。这种模式不仅大幅提升了与自然的融合度，而且也有效改善了自然通风与采光条件。大多数院落形式采用"口""日""四""田""曲"等平面组织结构，这种空间组织方式下，医院的体量及占地面积也会比较大，主要由多层建筑组成，内部空间的相似度也较高，交通流线当中交叉点也较多。中国医科院肿瘤医院门诊部（图2-4）便是套院式医院的经典案例。

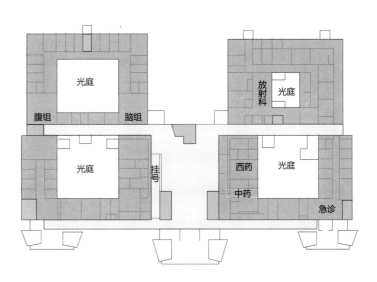

图2-4 中国医科院肿瘤医院门诊部底层平面示意图

4. 厅堂组合式

厅堂组合式医院通过在平面中央植入宽敞的厅堂，各个科室及诊室可以通过大堂连接，使得医院的流线大幅减短；但另一方面大堂也成为了医院唯一的交通与停留空间。这种空间模式的特点就是结构简单，各科室的位置容易辨认，但空间界限不够清晰，各个科室的独立性也不够强，容易导致公共空间人流密集，增加安全隐患。常见的平面布局有环厅

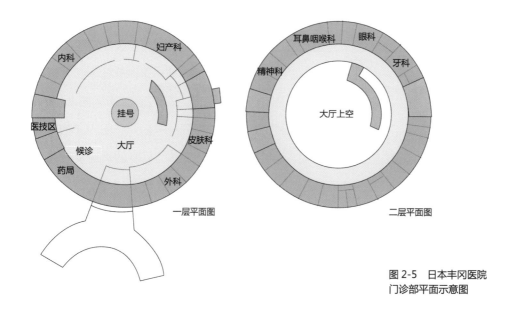

一层平面图

二层平面图

图 2-5　日本丰冈医院门诊部平面示意图

式及指掌式等，日本丰冈医院门诊部（图 2-5）便是经典的环厅式布局。

5. 板块组合式

板块组合式与套院式在空间组织上有一定的共性，医院内均建造多个院落，但前者更强调实际使用面积的最大化，因此板块组合式通常会把庭院压缩为采光井的尺寸，以达到更紧凑的空间布局。这种组合形式的医院通常外观紧凑、交通流线较短，空间使用效率较高，交通空间由内廊构成，空间识别性较强。但这类医院一般体量比较庞大，空间较为狭窄，因此必须依赖人工照明和空调系统来维持正常的运行。法国冈市大学区医疗中心（图 2-6）总平面便是板块组合式医院的经典案例。

这五种空间组织模式的特点总结如表 2-1 所示。

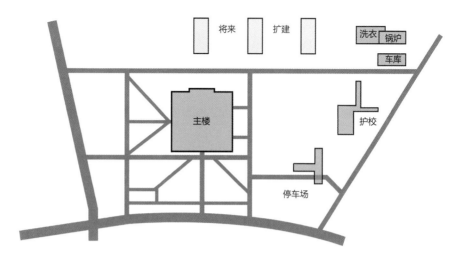

图 2-6 法国冈市大学区医疗中心总平面示意图
（资料来源：《建筑设计资料集》）

现代综合医院各类组织形式的特点分析比较

表 2-1

医院空间组织模式	占地	功能紧凑度与联系性	交通便捷度	各功能区识别性	环境舒适度	发展弹性	适用医院规模
医疗街式	较大	较紧凑，联系密切	便捷	识别性强	部分自然通风采光	强	大中型规模
庭院式	较大	较紧凑	较便捷	识别性较强	部分自然通风采光	一般	中型规模
套院式	大	较紧凑	不便捷	识别性较一般	部分自然通风采光	差	各种规模
厅堂组合式	较小	紧凑，联系密切	便捷	识别性强	自然通风采光	差	小型规模
板块组合式	较小	紧凑，联系性较差	不便捷	识别性差	不能自然通风采光	差	大中型规模

资料来源：作者自绘。

　　通过上表分析，我们可以看出医疗街模式在如今综合医院的运用当中较为成熟。一方面，医疗街式可以被看作是厅堂组合式的拓展，通过一个核心空间将各个部门科室进行串联，具有空间识别性强、交通便捷高效、功能布局紧凑的特点，但医疗街式有效地避免了厅堂组合式大厅大量人流聚集的劣势；另一方面，医疗街与各个建筑单体串联形成多个围合空间，兼顾了院落式医院的优势。正因如此，医疗街模式成为了能较好满足综合医院在功能及交通组织、医疗环境等多方面需求的理想模式。

2.2 医疗街模式下综合医院建筑的发展与变化

2.2.1 形态特征的发展与变化

现代综合医院的发展无论在规模还是结构层面都在不断扩大与复杂化，医院建筑的形态也由分散逐渐转变得更规整、紧凑。医疗街式医院可大致分为四种类型，分别是松散型、紧凑型、集中型与体系化型，这四种类型既反映了医疗街模式演变的过程，又体现了综合医院从松散走向紧凑的发展历程。

1. 松散型

松散型医疗街体系的医院建筑形态灵活多样，不局限于某种固定的模式，而是彼此之间保持着较大的间距，每栋建筑除了山墙与医疗街相联之外，三面均开放，这使得建筑既能保证通风和采光，又能降低各个部分独立扩张的难度。

随着医院的规模越来越大，建筑单体的数量不断增加，医疗街原本结构松散、交通流线过长的缺点反而成为医院自主生长的优势，也正因如此松散型医疗街体系给大型医院带来了可持续发展的便利。松散型医疗街体系的代表案例是英国伦敦诺斯威克公园医院（图 2-7）。

2. 紧凑型

紧凑型医疗街体系下的建筑形态较为规整、简单，旨在提高土地利用率及交通便利性，建筑单体之间间距较小，布

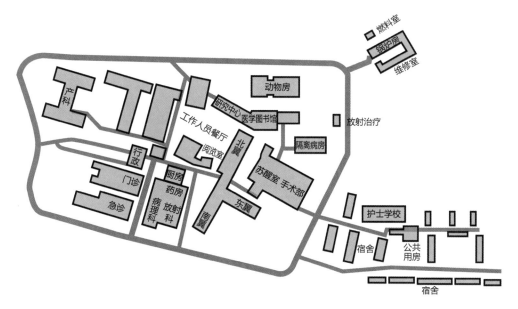

图 2-7 伦敦诺斯威克公园医院总平面示意图

局较为紧凑。建筑单体之间相互限制，单体在拓展时只能朝着一个方向发展，且发展方向只能与医疗主街垂直，从而灵活性大大降低，因此这种模式通常更适用于市中心等用地紧张、地价昂贵的区域。这类医疗街模式往往呈现"鱼骨式"的总图布局。因生长能力有限，其通常通过增加街道长度与建筑高度进行扩展，这也让医疗街空间具有较强的引导性，不易走失。这类医院案例众多，如中日友好医院（图1-6）。

3. 集中型

集中型与紧凑型相比功能集合度更高，建筑单体内部的连廊由传统的单内廊发展到"口"字形或圈层式，且每个单体内部特色更鲜明、独立性较强且拥有更为完善的内部交通体系，这也使得整个医疗街体系更加灵活多变。医院内部既可以通过紧密相连的天井又可以通过较大间距的庭院式组合，使得建筑空间更加丰富，整体结构更加完善。

在这种体系下，一方面医疗街仍然作为功能单元之间的核心联系空间，功能分区明晰，交通效率较高；另一方面医院建筑单体逐渐发展成为一个综合体，尽管仍然有空间进行拓展，但扩建难度大且破坏了医院的整体结构，因此这类医院更多是通过新建单体来实现整体的发展，常用于功能较为复杂、集中的大型医院建筑，例如佛山市第一人民医院（图2-8）。

4. 体系化型

体系化型医疗街体系强调平衡与高效，交通呈现网络化。医院模数规整、形态高度集中，但也因为其集约高效的特性，使得单元无法独立拓展，只能沿医疗街增加单元模块来实现，医院灵活度受到一定的限制。因此，为了提升医院交通效率，避免出现医疗街单向流线过长的状况，医院拓展应采用多样的方式。

比利时鲁汶大学德鲁教授提出的"Nucleus"体系（图2-9、图2-10）也属于此种类型。该体系作为医院建筑标准化思想的具体实践，包括模块化建造与使用、开放式平面、对于不同气候、文化及地形地适应等，系统性地提升了医院空间的舒适性与可持续性。

2.2.2　空间形式与尺度的发展与变化

空间的尺寸与形态变化是医疗街转型的关键点之一。医疗街最初的主要作用是满足交通疏散使用，其宽度一般保持在2.7 ~ 3m之间，与医院的廊道相比差别不大，其空间形式为多层式交通过道，一侧设置垂直交通，但由于空间视线连通性较差，其功能受到一定程度的制约，且其内部空间单调且冗长。随着医院规模的增加、就诊环境要求的提升，原有医疗街尺寸及空间形态已无法满足，于是医疗街被加宽至8m，通过设置中庭空间或采用双街，医疗街的宽度便达到了20m或30m，这使得街道更加宽敞明亮。

此外，医疗街的空间布局也得到了很大改善：例如对医疗街进行通高处理，并在其上方设置采光天窗，地面设置多样化服务设施以满足不同需求。医疗街"打开"的设计使得上下层视线得以贯通，空间指引性大幅增强，这种医疗街的设计模式依然不断发展。

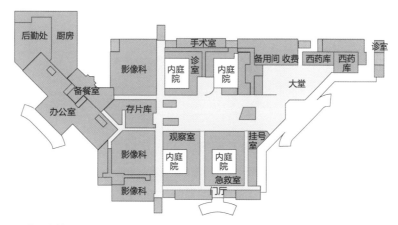

图 2-8　佛山市第一人民医院平面示意图

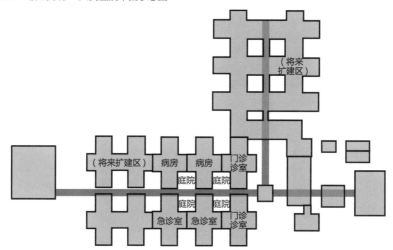

图 2-9　英国麦德斯顿医院的"Nucleus"体系建筑总平面示意图

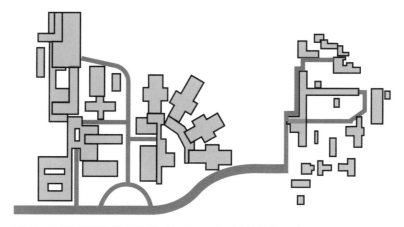

图 2-10　英国怀特岛圣玛丽医院的"Nucleus"体系建筑总平面示意图

2.2.3 功能与环境的发展与变化

　　商业步行街的发展给医疗街设计带来了重要的启示，医疗街不再局限于一个简单的交通空间，而是成为试图将环境与功能融合，满足人们购物、娱乐、社交等多重需求的重要场所，空间由封闭走向开放、单一走向多元，整体环境也得到了极大的提升。如今越来越多的现代化医疗建筑将其与城市的各种需求进行紧密连接，并且把医院空间与城市的公共空间融合，为市民提供更加便捷的医疗服务，让医疗场景深度植入城市生活。巴黎的 Neker 儿童组织 Malades 医院（图2-11、图 2-12）就是一个典型的例子，在建设当中很好地适应城市界面，形成了与周边环境的良好互动。

图 2-11　Neker 儿童组织
Malades 医院照片
（资料来源：Archdaily 官网）

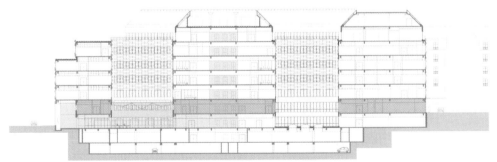

图 2-12　Neker 儿童组织 Malades 医院剖面示意
（资料来源：Archdaily 官网）

2.3 医疗街模式在我国的运用现状

当前，我国正大力推进各种类型的医疗建设，这些建设的推动力则源于社会需求的增长、医疗模式的转变、医疗制度的改革以及医学技术的不断拓展，人们对于健康的认知也在逐渐加深，这使得大量医院不得不面临更新与发展，我国现代医院建设的方式也就可以分为投资新建与改造扩建两种。

2.3.1 医疗街在新建筑中的运用

城市的发展必然要面对人口密度增加与土地紧张的现实问题，医院建筑在原有用地上进行扩建几乎无法满足当下需求。近年来，许多新建的大型医疗机构选择了郊区或新开发用地作为其建设基地，这些地块土地资源充足，环境优美，且在设计理念、工程建设、基础设施配套等方面更适配如今的医疗建设需求，建设难度也更小。东莞康华医院（图2-13）便是很好的例子。

2.3.2 医疗街在老医院改扩建中的运用

早期的医疗机构通常采取单独无组织设计的方式将单一部门功能或关系较紧密的两个部门放置于一个单体内，建筑交通组织较为单一，这样的布局结构必然是松散且低效的，因此老旧医院迫切地需要改造提升。通过植入医疗街将各单体的水平交通进行重新组织成为了最为灵活、高效且操作性最强的措施之一。一方面医疗街可以串联各建筑单体，另一方面其也可以将新建组团与原有院区进行串联。同时，医院内人流、物流与信息流等系统可以通过医疗街进行重新组织。许多老旧医院的改建均利用医疗街植入取得了良好的效果，浙江医科大学附属第一医院便是很好的例子（图2-14）。

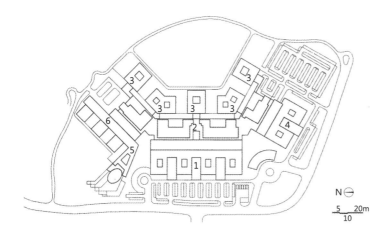

N ⊖

5 20m
10

图 2-13 东莞康华医院
1-门诊楼；2-医技楼；3-住院楼；4-急诊楼；
5-办公楼；6-VIP 区
（资料来源：《建筑设计资料集》）

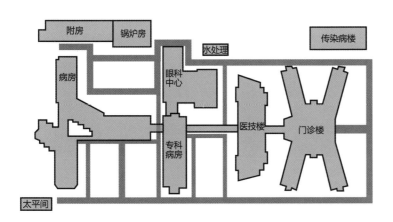

图 2-14 浙江医科大学附属第一医院总平面示意图

3

医疗街系统的构成分析

3.1 将集成论引入医疗街设计

3.1.1 作为复杂系统的医疗街设计

1. 作为交通枢纽的医疗街

在医疗建筑中，医疗街往往承担了组织人流、物流、信息流的作用，其最基础也是最主要的作用便是将医院门诊、住院、医技等各个部门进行串联，使医院形成一个有机的整体，一个立体的交通网络，达到医院运作效率最大化。

2. 作为功能综合体的医疗街

医疗街作为人们前往各功能区域的必经之路，其在帮助人们快速找到方向并到达目的地的同时，也需要满足医院功能多样化与复杂化的需求。如今的医疗街在交通功能的基础上融合了服务设施、商业配套、景观绿化等功能，满足人们休闲、购物、社交等方面的功能，因此医疗街除了交通功能以外，还集合了大量非医疗功能于一身，形成功能综合体。

3. 作为公共空间的医疗街

医疗街点、线、面的空间组织方式使其空间体验较为丰富，且较为灵活的空间组织方式也使得医疗街与自然环境结合更加紧密。此外，相对于医疗功能空间，医疗街作为医院的共享空间，对医疗环境的舒适度、趣味性都起到了推动的作用。

医疗街的独特设计可以满足人们的心理需求，有助于改善他们的情绪；便捷的服务能为居民提供舒适的环境，让他们在这里感受到放松和愉悦；将艺术融入医疗街的设计，可以营造出一个充满格调的氛围，从而减轻病人的焦虑，使他们感到温暖。

3.1.2　医疗街设计与集成论

1. 集成论的内涵

所谓集成（integration），即通过系统思维将子系统、多个要素结合，形成一个完整且协调一致的结构。仅仅靠单元之间的简单组装是无法实现集成的，必须通过优化及调配才能构建出一个具备各自优势、实现最大效益的完美系统，这样的过程才是集成。

在李宝山的《集成管理——高科技时代的管理创新》一书中，针对集成及集成度进行了深入剖析，这本书从管理学的角度将"集成"解释为"一种创造性的融合过程，即在各要素的结合过程中，注入创造性思维"。而在《集成论的基本范畴》一文中，集中阐述了集成论的基本概念: 即集成单元、集成模式、集成界面、集成环境等。

研究集成论旨在深入挖掘经济与社会组织中普遍存在的集成现象，从而构建出一套完整的集成理论体系，以期有效地解决复杂的经济与社会组织问题。集成强调以人的主观能动性驱动整体效能的提升，可以说集成技术不仅停留于一种建构系统的概念，更是一种可以改进和优化系统、解决复杂问题的行为与方法。本书的研究对象医疗街同样可以被看成一个复杂系统，通过运用互补、相容、界面选择、功能倍增和适应进化等集成概念，旨在剖析出医疗建筑设计背后复杂的行为规律，从复杂科学的角度，运用跨学科的研究方式，从宏观、中观及微观三个层面，深入探究医疗街设计的复杂性问题。

2. 医疗街集成系统

在贝塔朗菲[①]看来，系统便是"处于相互作用中的要素复合体"。将医疗街当作一个完整系统看待，便可以超越传统建筑学视野当中的细枝末节，将其内在要素更加整体、宏观、全面地展现在我们面前，从而使研究达到一个新的高度。从集成论的视野出发，医疗街系统可被分为医疗街集成要素、医疗街集成结构和医疗街集成环境三个要素。

1）集成要素

当我们用集成论分析医疗街设计时需要将集成要素进行分解及研究，集成要素之间存在着密切联系及相互作用。医疗街系统包含不同的空间名称，但仅有空间名称是无法清晰描述出空间属性及需求的。因此，当我们描述一个空间时，需要包含四个描述层次：空间运用情况，空间内的家具、器具及其使用频率；较为精确的空间几何特征，如面积、长度、宽度及体积等；空间的特性，如声音、光线与温度。这些描述层级与名称共同构成了建筑空间当中的集成要素。

2）集成结构

集成结构是指集成要素之间的相互作用，结构与要素是相互依存的，二者缺一不可，否则便不能称之为集成系统。空间集成结构同样包含了三个层次：空间与空间之间的相对位置，其中包括平面关系、竖向关系等；空间序列，包含时间、

① 路德维希·冯·贝塔朗菲（Ludwig Von Bertalanffy，1901—1972年），美籍奥地利理论生物学家和哲学家。他从生物学领域出发，涉猎医学、心理学、行为科学、历史学、哲学等诸多学科，以其渊博的知识、浓厚的人文科学修养，创立了20世纪具有深远意义的一般系统论，使他的名字永久地与系统理论联系在一起。

行为、活动序列；空间的程度关系，包含接近与排斥、距离、密度等。

3）集成环境

集成环境可以被理解为除集成系统之外与系统相关的总和。环境不仅为集成提供了必要的资源和条件，还对其施加了严格的约束和限制。集成环境也包含了四个部分：场地、景观、气候及地理等物理环境；历史、传统价值观及行为习惯等社会文化环境；投资机会、就业前景、生活质量等经济环境；项目从策划到运用的全生命周期的时间环境，它可以用来评估过去的项目、预测未来的变化及发展趋势。

3.2 医疗街系统的集成要素

3.2.1 功能布局

医疗街具有丰富的空间功能，它既包含了实体的物质功能，又包含了主观的精神功能，两者之间存在着密切的联系与影响。物质功能包含空间尺寸、材料及环境，这些功能客观存在，影响人们的行为，为人们的生活提供各种服务；精神功能则是通过考虑人内在的性格、审美偏好及认知水平以打造一个满足心理需求，舒适、健康且愉悦的休闲环境，优质的精神空间具有精神能量，是具有疗愈功能的。

也正因为如此，医疗街随着时代的发展其功能发生了巨大的变化，它不再只停留于一个简单的交通枢纽，还需要满足社会公众的多种需求。医疗街空间被赋予了包括商业功能、交通功能、引导功能、公共活动功能、过渡功能、私密功能等多种空间，以更好地为医护人员服务，改善患者的就诊体验，优化空间的品质，满足他们的身心需求，让他们拥有一个安全、舒适的环境，最终达到治愈的目的。

1. 交通功能

医疗街作为医院的核心交通空间，不仅需要满足患者就诊的需求，还需要起到引导人流、改善行为的作用。医疗街通过构建多层次的交通体系，从水平交通到垂直交通、从平面到立体，不仅将门诊、医技、住院等医疗功能联系起来，还将不同的人群、不同的公共空间及不同的非医疗功能融为一体，构建出一张完整的公共交通网络。

医疗街是医院人流流线发生最重要的场所，可分为水平及垂直两类交通空间。其中，水平交通空间由院区主入口、院内道路、门厅、走廊和驻留中庭等空间组成，它们承担着"通过"的作用，并具有明确的方向性和功能定位；垂直空间包括楼梯、电梯、扶梯等，它们负责连接不同部门、不同楼层的"跨越"，以实现高效的连续性和分流性，从而改善就诊的便利性。

2. 商业功能

医疗街的发展起源于对于商业街的学习。如今，随着医院就诊量的增加，医疗辅助功能也随之增加，这使得在大型综合医院内部商业空间功能逐渐减少，成为点缀，以满足患者购物及休憩的需求。而大量的如购物、餐饮、交流等的商业空间，被集中放置在外向型的医疗街（或称为生活街）上。后文解析的香港大学深圳医院二期也是结合地铁站点设置一条相对独立的商业街与医院内部原有医疗街连接，形成医疗街的延展。

3. 公共功能

除商业空间之外，医疗街从商业步行街上汲取经验的还有公共空间的打造。当医疗街被赋予休闲娱乐、文化传播、展示教化等属性的时候，患者便可以从中感受到舒适、愉悦，缓解就诊压力。

4. 辅助功能

医疗街是人们来往聚集最密集的场所，为提升医疗效率，许多附属功能被设置于医疗街当中，例如分诊、咨询、宣传展示、电子挂号、打印等。其布置的数量、位置均需要在医疗街设计当中统筹考虑。

5. 过渡功能

医疗街需要连接不同的功能区域，如门诊、医技或者各个科室、甚至电梯等空间，都会有适当尺度的过渡空间串联，包括候诊区及候梯厅等，过渡空间通常会结合公共空间一体化打造，供人们停留休息及交流。这些过渡空间不仅可以缓解交通压力，给人以空间转换的提示，良好的环境塑造还能促进医患人员交流沟通，营造出一种舒适的治愈氛围。

3.2.2 交通组织

根据现代医院的功能需求，医院的交通流线可分为人流、物流及信息流三类。其中，物流和信息流作为辅助流线，其设计质量会直接影响患者的就诊体验，但不能完全决定整个就诊过程的优劣。而人流流线是由人寻诊所触发的一系列活动流线，与物流、信息流相比，其对于患者就诊满意度的影响是至关重要的。

1. 水平交通组织系统

针对不同的医院建设需求，医疗街水平交通组织可采取不同形式，形态可松可紧、街道可曲可直、扩展空间可多可少，具备高度的灵活性，但大多离不开三种形式，分别是一字形、平行形和交叉形。

1）"一字形"平面组织

"一字形"平面组织是指用单轴将医院各功能进行串联的形式，该模式的医疗街被布置在医疗区中央，街道可横可竖，各部门沿"一"字医疗街展开排布，该布局结构下的寻诊流线呈现回廊状。"一字形"组织又可以分为两种，即单街式和小双街式。

（1）单街式

单街式作为医疗街模式的基础，是通过一条医疗街将各项医疗功能串联，实现单向流动，但此形式由于医疗街宽度有限，因此它所有的空间均服务于医疗功能及活动驻留，且并没有对空间发生行为作出明显的界定。此类医疗街模式常见于用地狭长、建设需求紧张的中型医院当中。

（2）小双街式

小双街式作为单街式交通系统的改良，其功能和发展方式均与单街式类似，但它在空间上对行为活动作出了较为清晰的划分。通常通过设置三跨柱网将医疗街空间分为两个活动区域：一类是街道，用于寻诊；另一类是共享广场，用于休闲活动。共享广场作为中心，两侧各设有一条独立的寻诊路径。这种灵活的空间组织模式为医疗街提供了充足的停靠和活动空间，满足了多样化的空间使用需求。小双街式医疗街通常适用于较为方正的建设场地，通常在规模比较大的综合医院当中使用。

2）（双街）平行形平面组织形态

当单街式医疗街无法满足医院建设需求的时候，双街式应运而生，其是将两条街道平行放置的医疗街模式。两条廊道相互独立，互不干扰，相较小双街式具有很强的分隔性，使得交通更加便捷。

这类医院整体的横截面较窄，每条廊道宽度也较小，且对于不同的行为活动范围有着更加严格的界定，具有很高的空间复合利用率。该种模式的组织形式同样也比较适用于较为规整的建设场地，在规模比较大的大型综合医院当中使用。

3）交叉形平面组织形态

交叉形平面组织是两条及以上的道路交叉排列的水平交通系统，这种平面布局的形态既可以是中置式也可以是侧置式。这种模式下的水平交通会形成若干个发展自由端，具有很强的自我扩展性。随着发展端的增加，整个水平交通系统会逐渐变长，呈现出分散的组织特征。在交叉形平面组织布局下，水平交通组织形式分为梳形与王字形。

（1）梳形

梳形组织顾名思义就是由一条主干道与若干与之垂直的次干道单向交叉形成的水平组织方式，其中纵向走道为主干道，宽度比较大，负责连接医院各个医疗功能科室；

横向走道为次干道，宽度较窄，主要起到各个功能科室与主干道之间的联系作用。此类模式的公共空间营造通常采用两种模式：一种是将主干道分为左右两侧，对中央区域进行扩大化设计，形成较大的交通枢纽空间，不仅可以缓解交通压力，还可以供公共活动使用；另一种是对主干道进行整体设计，形成宽敞的"厅式广场"，并通过柱网进行空间划分，将靠近医疗功能区的部分作为寻诊街道，其余空间则作为休闲活动及商业配套区域使用。在此种水平交通组织模式下，医疗街拥有多个方向的发展端，发展端取决于功能单体的数量。梳形组织模式同样适用于细长或狭窄的建设场地，适用于建设场地较大的大型医院建筑。

（2）王字形

"王字形"作为梳形的一种发展，主要分为两个方向，首先是王字的垂直部分，也就是医院交通系统的主干道，尺度当然也是最大的，负责承载不同医疗部门之间的穿行需求；第二类是王字的横向部分，主要用于医疗部门内不同医疗科室的通行，属于医院的次干道。该模式由于医疗街宽度有限，只能满足基本的交通需求，很难有更多的面积营造出休闲空间。王字形模式的平面组织常用于用地较为规整且规模较大的医院当中。

2. 垂直交通组织系统

常规医疗街模式的医院包含四种垂直交通结构，它们分别是室内楼梯、直达电梯、手扶梯及大台阶四种。同时，门诊、医技及住院对于垂直交通体系的诉求也是不同的。住院区的病人大多身体机能较差，他们又需要经常往返于医技与住院部之间，而活动程度越高、消耗时间越长对于患者体能要求的挑战也就越大，因此这部分的垂直交通主要为最节省时间的直达电梯及专为消防疏散而设计的室内楼梯。对于门诊与医技来说，主要负责接待每日大量的病人及家属，因此人流量较大且人员流动性较高，且每个病人的寻诊过程也是不一样的：有的病人需要由首层跨越至顶层，有的病人则只需要从首层跨越至二层。在这种情况下，如果只有一种垂直交通，病人等候的时间也会大大增加，大量病人在缓冲过渡空间等待，必然会造成人员拥挤的情况。因此，为满足患者及家属不同的出行需求，门诊、医技多采用自动扶梯、直达电梯及室内楼梯等方式。此外，一些医院在门诊大厅甚至采用大阶梯与扶手电梯相结合的设计模式，以提高垂直交通集合与分流的能力。

　　在医疗街的垂直交通组织系统中，各个医疗部门的设计对直达电梯和室内楼梯的安装位置均有较为明确的要求，此外，大台阶垂直交通设施仅限于门诊部，其起点位于入口的正中央。因此，手扶梯相较于其他集中垂直交通方式则较为多样，它可以按照医疗街的水平组织形式来灵活布置。常规的自动扶梯排布可分为四种（表3-1）：平行排列式、串联排列式、交叉排列式及并联排列式。

自动扶梯常见排列方式　　　　　　　　　　　　　　　　表 3-1

设置方式	平面示意	剖面示意
平行排列式		
串联排列式		
交叉排列式		
并联排列式		

资料来源：作者自绘。

1）平行排列式

该组织方式是指扶手电梯升降方式一致且投影重叠布置，此种方式的安装面积最小，但跨层流线不连续，患者每至一层需要绕至另一端才能继续至下层，水平流线路径较长。

2）串联排列式

该模式是将升降方向一致的扶手电梯并列放置，且以直线延伸。这种形式的手扶梯均会有一个较为宽敞的缓冲平台，与大台阶有较高相似度且两者通常结合设计。这种布置方式安装面积较大，但整体连续性强且流线非常清晰。

3）交叉排列式

这种模式与剪刀梯相似，以双跑梯段建立相互垂直方向的扶手电梯，再由升降同向的梯段交叉穿插组成，以满足不同垂直方向的需求。采用这种布局方式，可以有效地减少安装面积，且保证流线的连贯性和紧凑度，而且升降方向也是独立的。

4）并联排列式

该模式以双跑梯段的样式建立手扶梯，采用并联形式将双方向段进行组合布置。这种手扶梯布置方式安装面积大，对于横向空间需求大，升降方向清晰且垂直流线连续性强、升降切换灵活度高。

3.2.3 空间组织

建筑的美感不仅仅取决于它的外表，它的内在空间才是真正的衡量标准。一个完美的建筑能够深刻地影响人们的日常行为、思考和情感。医院作为一个关乎使用者身心健康的建筑场所，其空间体验的质量将会对患者就诊效率和医护人员的工作心态产生重大影响，因此，医疗街的空间设计重要性不言而喻。人类的情感和思维在建筑空间中有着密切的联系，因此我们必须深入了解病人和他们的空间环境。

1. 空间要素

建筑空间是以点、线、面、体四个元素组合而成的。医疗街作为一个容器，其实体边界是基础，产生的空间需要通过实体边界支撑，实体与虚体共同构成了一个完整的空间系统。

2. 空间尺度

人本身的尺寸及行为活动决定了开间、进深、层高等尺寸。医疗街尺度的把握是否准确直接影响到人在空间中的舒适性与产生的行为，其主要包括宽度、长度及高度三方面。

3. 空间比例

在医疗街的空间规划上，可以借鉴《外部空间设计》[①]中的指导原则，即将街道的宽度 D 和高度 H 之比作为参照，以确定最佳的空间比例。当 $D/H=1$ 时，界面会变得更加明显，使得空间看起来更加开阔。而在 $D/H=2$ 时，则会出现一种更加完美的视觉效果，这也是双候诊走廊空间适合的比例。

4. 空间序列

序列是指时空运动中发生的变化，它们具有一定的顺序性和连续性，在人体运动过程中，行为会产生视觉的变化，而这些变化又会引发行为上的变化，比如当我们看到线性空间时，会有一种延伸感、神圣感或者乏味感；垂直轴向空间给人一种强烈的上升感受，这两种空间均给人以运动、动态的暗示。医疗街作为医院核心的交通空间，其空间序列就显得尤为重要，良好的空间序列会充分考虑患者的心理需求，让医疗街的空间更加有序、多样化，从而打破传统的压抑、无趣的氛围，营造出一个实用、舒适的治疗环境。

① 《外部空间设计》是 1985 年中国建筑工业出版社出版的图书，作者是芦原义信。该书主要介绍了庭院、广场等外部空间的设计。

3.2.4　寻路导向

在大型综合医院的公共空间里，人们寻找道路的方法与传统的商业区、博物馆和其他建筑物不同，他们拥有自己独特的方法。其中，最显著的特征，一是就诊流程：医院的患者就诊流程严格按照规定的步骤进行，包括挂号、候诊、就诊、检查、治疗、取药和离开等。二是寻找路径的层次性：一次就诊的全程可以从城市到医院，再从医院到个体建筑，最后再从个体建筑到科室。三是人们对于就诊流程的高效性需求：综合医院当中的使用者都是受治疗的患者、担忧失去安全感的家庭成员等弱势群体。因此，要尽快完成就诊程序，防止医患之间的交叉感染，就必须提高就诊效率。四是寻诊的困难性：当患者来到医院，他们很有可能会陷入迷失，而这些迷失往往源自对空间的未知和对就诊流程的陌生。

1. 就诊过程的流程性

流程性是指为了满足建筑的特殊使用要求，必须按照一系列严格的步骤来实现，而在医疗建筑内进行的一系列就诊步骤，便是就诊流程。

1）就诊流程类型

医院内部使用者的行为模式表现出了明显的目的性和流程性，行为包括诊断、治疗、检查、药品购买、住院和学术研究等，所以会出现各种不同的诊断和治疗流程。

（1）以寻诊为目的的流程，通常为挂号—候诊—就诊—缴费—检查—治疗—取药—离开。

（2）以住院为目的的流程，包括提出入院申请—进行必要的手续处理—支付费用—进入住院病房—结束入院。

（3）以复诊为目的的流程，包括复查、问诊、取药的就诊模式。

（4）以促进学术交流为目的的流程，这种流程主要为医院的学习者和外来者使用。

2）就诊流程秩序

在医疗街空间当中，"挂号—候诊—就诊—缴费—检查—治疗—取药—离开"等一系列的流程（图3-1）最为常见。以"就诊"划分，"挂号、分诊、候诊及就诊"

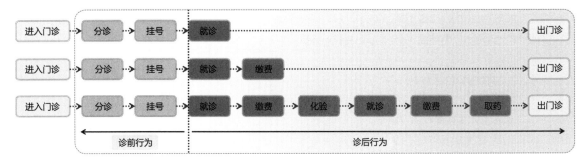

图 3-1　不同就诊流程特诊图
（资料来源：作者自绘）

被视作"诊前行为"，"诊后行为"则包括缴费、化验、再次就诊、取药和离开（或其他出院、转入住院部或转院等）。

"诊前行为"模式大体相同，但"诊后行为"，由于患者就诊情况的变化，具体行为流程也会发生变化，呈现出多样性。患者的就诊行为可以根据他们在诊前行为和诊前行为中的反应来划分：一种是单向的，另一种是多向的。

（1）单向序列流

"单向序列流"即为人流在空间中按照同一方向流动，它通常出现在"诊前行为"中，因为所有患者到医院均是以就诊为目的。

（2）多向序列流

"多向序列流"即为人流在空间中按照多个方向流动，它通常出现在"诊后行为"中。这种模式通常会导致患者在就诊过程中遇到许多困难，包括找不到正确的位置和正确的服务。因此，这也是我们需要在规划与设计当中重点关注的流程。

3）就诊流程空间秩序

医院的公共空间需要建立一个合理的空间秩序，以便让患者能够清晰地知道自己所处的位置与需要到达的区域。患

图 3-2　医院公共空间秩序关系示意图
（资料来源：作者自绘）

者常规的行为为：进入医院—在门诊大厅完成挂号—利用水平交通（如走廊、通道）和竖向交通（如电梯、扶梯等）到达指定的科室单元区域—该区域内进行一次候诊和二次候诊—到达诊室就诊—诊断与治疗—从科室单元回到公共大厅—缴纳费用并领取药品—离开医院。

　　为建立与就诊流程高效对应的空间序列，我们将医院的公共空间进行了层级划分，被划分成"公共中心系统""公共子系统"和"连接系统"（图3-2）。

2. 寻路行为的层级性

　　本书虽探讨的是综合医院的医疗街，但研究范围不应只局限于医疗街本身，而是应该涵盖更大的范围。对于医院使用者来说，一次完整的寻路并不是从进入医疗街开始，而是需要经历四个过程：城市—院区，院区—单体建筑，单体建筑—科室，科室—离开，这四个层级环环紧扣。

1）城市—院区

　　随着城市发展的不断推进，医院使用者使用的交通方式也在不断变化，其主要包括公共交通，如公交、地铁等，以及步行、自驾车、出租车等。因此，城市公共交通节点、城市道路通往医院的方式便显得尤为重要，是医院寻路行为中的开始。

2）院区—单体建筑

大型综合医院一般涵盖多个区域（如门诊、医疗、住院、急诊、康复和教育等），当患者从城市进入到院区之后便进入到了第二个阶段。

3）单体建筑—科室

当医院使用者成功地由区域转向具体建筑之后，便进入到了第三阶段，也是最关键的一个阶段：即由建筑到某一诊室。

在这一阶段中，我们会按照就诊流程的顺序将空间划分成三个不同的等级（图3-3）：公共空间（连接系统）、兼容空间（一次候诊）和专属空间（二次候诊）。根据患者的就诊需求及患者在就诊期间的行为进行空间层次的划分，可以使得医院使用者快速按照自身就诊科室（或其他功能空间）的不同进行分级分流，从公共空间到兼容空间再到专属空间，使得就诊人流更加有序、统一，从而更好地完成就诊寻路。

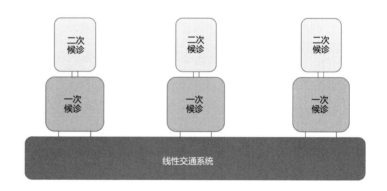

图3-3　空间层次结构图
（资料来源：作者自绘）

4）科室—离开

第四阶段的寻路行为为"诊后行为"，此阶段的寻路模式主要有两种，一是使用医技空间，不同功能组织的模式门诊与医技的关系是不同的，此时医院使用者便产生了二次寻路的过程；二是从诊室回归到公共空间，再到大厅的过程。

3. 寻路行为的三大系统

1）导航系统

导航系统常用于上文的第一阶段（城市—院区）与第三阶段（单体建筑—科室）中，具体呈现为医院使用者通过导航系统到达院区、在单体建筑中找到指定科室两个阶段。常用的导航系统可大致分为两种。

（1）模拟导航法（记忆法）

记忆法一般是使用地图或者模拟导航描绘路线，医院使用者会清楚地知道自己所处的位置及目的地的路线，再通过记忆路线进行寻路。

（2）实时导航法

使用实时导航法，医院使用者只需要在手机小程序上使用导航功能，导航系统就会根据提供的信息，快速、准确、安全地完成导航任务。

2）标识系统

根据就诊流程的不同层次，标识系统的应用也有所不同。随着医院的发展，城市、院区和建筑内部的标识系统也在不断改进和完善。

3）人工导医系统

人工导医系统为医院使用者提供了一种便捷的就诊方式，包括问诊台导医、安保导医等，但由于工作人员的语言表达与使用者的路径认知存在一定的偏差，因此在寻路上仍然存在许多困难与障碍，需要与技术及人工智能结合，寻路过程才能更加流畅。

3.2.5　环境营造

1. 空间界面

正如前文所述，空间界面作为空间要素的重要组成部分，其很大程度上影响了环境的塑造。空间界面包括顶层、底层及墙面。

不同的高度及形状会给人带来截然不同的视觉体验，曲线优美的屋顶也能让室内充满生机，透明的顶部界面能够为中庭带来更多的采光等。

底层界面作为支撑起整个场所的空间界面元素，其也是空间划分的基本元素。通过地面的装饰与顶棚进行结合布置，场所的限定感得以增强；地面高度的变化也会使得公共空间变得富于变化。

空间的侧面可以限定空间以及呈现空间的虚实关系。为了让公共空间与周围环境尽可能融合，可以使用透明材料或透空形式进行围合；斜墙和弧墙的使用可以让空间变得更加紧凑或舒适；而曲线的侧边界则能够给空间带来一种动感的氛围等。

2. 触感与质感

"空间界面"主要是对人的视觉产生影响，而"空间材料"则更多的是对人的感官产生影响。通过观察，我们可以清楚地感受到空间界面的细节、色彩等；通过触觉，我们能够体验到如纹理、结构等。材料的特性通过激发人们感官上的变化从而影响人们的心理。

在公共空间的装饰中，石材给人以庄重、典雅、高贵的感受；木材则能给人以轻盈、古朴的感受，传达出一种回归自然的理念，使公共空间更加温馨舒适；平滑的金属材料可以为空间增添工业气息和冷酷感。搭配不同材料可以给人带来独特的视觉和触觉体验。因此，精心挑选、搭配和处理材料，是现代建筑设计中营造出完美氛围的关键因素。

3. 色彩环境

（1）色彩的温度：色彩根据色相的不同可以分为热色、冷色和温色，其中以橙色最热、以青色最冷、紫色及绿色则为温色。人们对于颜色的感知与我们长久的生存体验有密切的联系。

（2）色彩的距离：同样是通过色相的区分，红、黄、橙、紫、绿、蓝给人呈现出一种由远到近的距离变化。当两个物体的颜色发生改变时，它们之间的距离也会受到影响。例如，当两个物体的颜色从浅到深时，它们之间的距离就会更远；而当颜色从深到浅时，它们之间的距离就会更近。

（3）色彩的量感：高明度的颜色通常能给人带来轻快的感觉，相反低明度的颜色会让人感到沉闷。根据明度的不同，"轻重"的排名为白、黄、橙、绿、蓝、黑。

在建筑设计和室内设计中，为了营造出舒适的氛围，设计师经常选择使用浅色调的材料，如木质结构、玻璃等，从而减少视觉上的压迫感，让整个空间更加轻松自然。

（4）色彩的情感：在过去的一个世纪里，通过对颜色心理学的实验研究，我们逐渐发现了颜色对于心态的作用，例如，黄、橙、红是温暖的颜色，带来明亮、热情、愉悦和进取的感觉；而蓝、绿、紫则是冷淡的颜色，带来阴郁、沉闷、悲伤和消极的情绪。颜色的亮度和深浅可以影响一个人的情绪。在当今的建筑空间设计中，色彩已被认为是一个非常重要的元素。通过恰当的颜色搭配，能够更加突显场所的主题，提高空间的氛围，并且能够更加准确地传递设计师想要传递的思想和情感（表3-2）。

不同色彩给人心理的联想   表 3-2

色相	心理联想
红	热情、主动、节庆、愤怒
橙	欢乐、活力、兴趣、秋天
黄	温暖、快乐、智慧、辉煌
绿	健康、生命、和平、宁静、安全感
蓝	可靠、力量、冷静、永恒、清爽、忧郁
紫	高贵、神秘、优雅
黑	深沉、黑暗、现代感
灰	冷静、中立、乏味、高级
白	朴素、纯洁、干净

资料来源：作者自绘。

4. 光环境

路易斯·康[1]说过："对我来说，光是有情感的，它产生了与人合一的领域，将人与永恒联系在一起。它可以创造一种色彩，这种色彩是用一般造型手段无法获得的。"光作

[1] 路易斯·康（Louis I.Kahn，1901年2月20日—1974年3月14日，原名Itze-Leib Schmuilowsky），20世纪美国最著名的建筑师之一，他最为人所知的是其将现代主义与古代遗迹的厚重与尊严相结合的做法。

为公共空间环境塑造的重要元素，其应用十分广泛，可以为公共场所带来各种不同的氛围，营造出充满情感的空间，让人们感受到美好。

5. 风环境

根据数据显示，超过七成的患者在医院候诊需要花费 15min 到 1h，这使得大量的污染源在人流量较大的科室不断聚集。特别是在流行病盛行的今天，如何采取有效的预防措施，避免病人和医护人员之间的相互感染，成为了重中之重的课题。确保医疗街的良好通风与新鲜空气持续不断地输送，是避免相互感染的关键。

6. 声环境

公共建筑当中的声环境往往是容易被设计师忽略的点，然而声环境对人们的心理状态具有很大的影响。

对声音的感知会根据位置的变化而变化。通过使用地毯、窗帘、吊顶等柔软材料，可以让传播的声音大幅衰减，使整个空间变得更加宁静；通过在建筑外立面或者外部环境设置绿植，可以大幅度阻挡来自外界的喧嚣，保护室内使用者免受不必要的影响。

7. 室内装饰装修

相较于悬挂、陈列各种艺术品的欧洲医院，我国的医院走廊大多还停留在壁挂医疗宣教图片的阶段，这类图片除了缺乏基本的美感之外，还会加重患者的心理负担。因此，将艺术融入医疗空间，帮助患者缓解疾病带来的压力和焦虑，并从观看艺术作品中感受到新的观念和思考模式，便是艺术对于疾病治愈的重要意义。

传统的医疗手段难以在疾病发展初期与结束之后发挥作用，因此早在很多年前，欧洲国家便将艺术与医学进行结合。许多医院在规划和设计初期，便会充分考虑到艺术和人文因素，以便为病人提供一个安全、庄重的治疗环境。瑞典医院首次将其投资预算的 1% 用于创造出一个充满艺术气息的环境，以此来展示其独特的文化氛围。

8. 景观绿化

绿色的医疗环境要求高品质的室内外环境与自然生态的保护。因此，合理利用当地天然建筑材料，将山林风水、阴阳光热等自然因素与乡风民俗等人文因素及建筑设计巧妙结合，打造节约资源、有益健康、亲切自然的氛围。容积率低、绿化率高的环境更易达到良好的医疗品质。但考虑到我国城市人均公共绿地面积较低，以及医院外部的平衡补偿功能有限，因此，扩大医院内部绿化面积和绿化覆盖面积显得尤为重要。

1）绿化的作用及与人类的关系

人对于回归自然的渴望使其在治疗疾病方面也发挥了重要作用。重视室内外绿化环境的精心设计，是改善医院建筑景观的关键因素。采用如室内盆栽、中庭绿化、地面绿化、阳台绿化等多种景观模式，可以为病人提供一个美丽而充满活力的环境，使人心旷神怡。

不同尺度的植物——乔木、灌木、花草可以巧妙地过渡人与建筑之间尺度上的差距。高大的树木从远处看与建筑物形成协调的美感，为周围环境增添美丽；当人们靠近时，它的肌理变得丰富多彩：主干、分枝、树皮和叶片各具特色，与人类的尺度完美契合。

树木、花卉、草本植物的种类繁多，它们的形态、结构、颜色也都各不相同。通过恰当的搭配，就能创造出简洁而又生动的视觉效果。在选择树木时，可以考虑将生命周期不一样的常绿树和落叶树相结合，以获得四季皆有绿意，但又富于变化的绿化环境。

2）调节微气候环境

现代医院经常使用机械空调技术来改善微气候，但是这种技术会产生许多负面的后果，例如耗费大量的能源、破坏环境、"空调房间综合征"等，此外机械空调的普及还会导致细菌的交叉感染。因此，为保证医疗安全，除了必须采用专门空气调节设备的空间之外，一般的空间特别是公共空间还是应该结合本地的气候条件，充分发挥建筑自身的气候调节功能，减少对环境的不良影响，建立舒适的室内和户外医疗空间。

种植绿色植物和花卉可以有效地改善室内空气质量：①清新空气——通过吸收

二氧化碳、释放氧气，绿植可以提高室内含氧量。②维持湿度——通过植物的蒸腾和光合作用，可以有效维持室内湿度，同时还能产生气流，在炎热时带走一些热量。③维持温度——在寒冷的天气里，植物通过吸收热量来维持温度的平衡。

3）辅助医疗

建筑师罗杰·S.乌尔里希发现，绿化对疾病治疗有着直观的作用[①]。研究表明，当病人能够从窗户欣赏到室外美景时，他们所需要的药物减少了 30%，而康复率提高了 30%。根据研究，人在绿色环境中，身体温度会下降 1 ~ 2.2℃，脉搏会平均减缓 4 ~ 8 次 /min，呼吸及血液循环会更加顺畅，神经也会更加放松，这些指标均有助于改善高血压、神经衰弱、心脏病和呼吸道疾病等引起的不适症状。

3.2.6 服务设施

1. 无障碍设计

早期，医院建筑设计忽略了对于弱势群体及隐性弱势群体的关注，主要适用于健康成年人。如今，综合医院的医疗街已是使用者使用频率最高的空间，此类空间的使用者种类多样，对无障碍需求也最多。

2. 智能化设施

医疗建筑智能化建设通过信息化手段实现就诊流程的优化，为病人提供更全方位的服务（排队叫号、智能导航、人性化电子标识等）；通过智能监测与控制，医院在全年都有最舒适的环境温度和湿度、畅通的网络、安全可靠的公共设

① 1984 年，美国学者罗杰·S.乌尔里希（Roger S. Ulrich）在《科学》杂志上关于窗外的景观与病人康复时间关系的纵向研究，证明了自然景观对于患者康复的作用：在缺乏自然景观，仅仅能看到砖墙对照组患者的恢复速度和情况都较差。这直接推动了"循证设计（Evidence Based Design）"和"康复景观（Healing Garden）"两个重要思潮的出现。

施、婴儿防盗系统、全方位安防设备，保证医院人员的安全；集成医院楼宇设备的智能监控平台建设可以提高各类服务保障人员的工作效率。

3. 家具设施

满足医院使用者人性化的需求，增加公共空间的多样性，一直是医疗街设计的主要方向。采用多样的附属设施，不但可以拓展医院的服务领域，还可以给病人带来更加贴心的关爱，让其在这里拥有一种安全、舒适的家园感。

由于患者的身份、地位、生活环境和年龄等因素的不同，他们的需求也会存在差异，这就使得部分患者群体拥有独特的需求，为此，设计师应该提前设置具有针对性的附加设施，以满足他们的需求。

3.3 医疗街系统的环境构成

系统与环境之间的关联存在着复杂的相互作用，这种关系一方面是由外部环境对系统的组成、结构的影响与作用产生的；另一方面是由于系统对外部环境也会产生影响，从而改变其运行方式。系统的环境主要表现在时间、经济、物理、社会文化四个方面。

3.3.1 系统的时间环境

每个系统都会随着时间的推移而发生变化，时空变化揭示出一个系统从诞生到衰落的完整历史进程。随着时间的推移，系统的变化发展受到多种因素的影响，这些因素可以直接或间接地影响建立的系统模型，从而使其更加适应实际情况。本节将构建出医疗街空间的时间环境，包括其组成、功能、影响以及如何实现系统的适应性。

1. 时间环境的组成

对于一个项目来说，其时间环境涵盖了从筹备到拆除的全部过程，包含规划—执行—运行—（改造）—拆除等步骤，特别对于医疗建筑，其每一步都必须精心安排，以确保最终的成功，这些步骤共同构成了项目的时间框架。而对于其中的单个步骤而言，尤其是项目建成后的运行阶段，又可以将其划分为过去、现在和未来三个阶段。为真正了解并构建出一个有效的系统模型，我们就必须综合考虑过去的经验及现状，并预测未来的发展趋势。

2. 时间环境对系统要素的影响

在项目的运行使用过程中，系统中的各个组分也会随着时间的变化而变化。因科技及人口结构、需求等因素的变化，医疗建筑的新的需求不断增加，这也是导致空间变化的最重要因素，我们在项目规划初期就必须对未来因素的产生作出预判。系统内的组分与结构是随着时间的推移而不断变化的，因此为了准确地识别出系统的组分和要素，就必须清楚地指出它们是属于何种特定时期，并且清楚地阐述当前的时空环境是如何影响它们的。

3. 时间环境对系统结构的影响

随着时间变化的不仅仅只有系统要素，其内在结构也在发生改变。医院的收费空间随着医院收费模式的变化而被逐渐弱化甚至取消，从而影响到医院公共空间的整体布局，这便是一个比较典型的例子。随着时间的推移，一些结构变得更加坚固，而其他的却日益消亡。

4. 系统适应时间环境的变化

随着时间的推移，任何系统都会经历发展、完善、变革和衰落的过程。因此，顺应着时间环境变化的节奏，以科学的方式进行预测是系统适应时间、环境变化的关键。将系统与环境的互动比作能量的输入和输出，为了实现可持续发展，我们应该采取有效的措施，减少外界的能量输入，做到节约能源，同时提升内部的建设效率，以提升内部能量的输出。

3.3.2 系统的经济环境

首先是宏观经济背景。在宏观经济背景下，建设项目的成功取决于所有与其相关的经济综合效应。

在微观经济因素中，经济因素是决定项目成功与否的关键，它们涉及项目的投融资预测、风险控制、效益和成本等方面。

3.3.3 系统的物理环境

物理环境对于建立一个完整的空间模型至关重要。模型系统的运作必须依赖于物质、能量、信息等多种因素的交换，也就是我们所说的输入与输出。在很多情况下这种输入和输出是可以被感知的，是相对容易被识别与量化的。因此，通过研究外部物理环境，我们可以更好地了解它们与系统的相互影响以及系统本身。

3.3.4 系统的社会、文化、制度环境

社会、文化和制度环境与其他环境一样重要，它们会延伸为人的一种共识与习惯，将人与人、人与项目进行串联。社会、文化和制度环境的限制是全方位的，其会对决策者和策划者的价值产生巨大的影响，从而使得系统模型在社会、文化和制度的价值上建立。

3.4 医疗街系统的要素结构

运用集成论的方式去研究医疗街，就必须从宏观、中观、微观三个层面分别开展。首先，医疗街与医院的整体规划是密不可分的，医疗街的设计是基于医院整体规划与设计之下的；其次，医院内部由门诊、急诊、医技、住院、后勤、行政和院内生活等多个部门组成，每个部门又是由多个不同的科室组成，它们彼此之间存在着紧密的联系；最后，是医疗街内部，医疗街除交通空间以外，还包含其他的公共空间，空间之间同样存在紧密的联系。因此，我们需要对这三个层次逐一进行分析，才能更好地梳理出医疗街系统的全貌。

3.4.1 医疗街与医院规划

1. 选址及规模

1）医院选址

医院选址的不同很大程度上决定了到达的交通方式的不同。位于中心城区的医院周边基础设施完善，公共交通选择丰富，但同时中心城区建筑密集，人流量大，交通拥挤，因此相比起自驾，患者更愿意采取公共交通达到。而市郊的医院周边配套设施尚未完善，公共交通系统也未能全面覆盖，因此，自驾前往的患者比例较高。因此，不同选址的医院交通方式是不同的，医疗街作为医院内部核心的交通框架，其与公共交通站点、停车库的连接需结合医院选址综合考虑。

2）医院规模

在建设综合医院时，首先便是考虑其规模。规模既需要满足当前的就诊需求，又需要为未来的发展留出空间。在规划初期，医院便应该考虑到这一点，其演变和应变过程，应能确保医院在长期使用中通过简单的改造和调整来持续满足医疗需求。医疗街的设计需要满足当前的使用需求，并且能够适应不断变化的环境。

另外，医疗街设计应该在"现在"与"未来"之间取得一个恰当的均衡。在西方发达国家，由于门诊手术和社区家庭医疗方式的普及，综合医院的床位数出现了负增长的趋势，使得床位数量大幅减少。医院床位的使用率必须保持在 85% 以上，否则床位数量将会进一步减少。随着时间的推移，我国与其他国家的医疗差距也在不断减小。医院内部床位数量的减少势必会影响到医院内部结构的变化，因此医疗街的设计应在这种结构性改变的基础上作出变化。

2. 医院改扩建

1）新建医院医疗功能内预留用地

为满足未来的发展需求，当前许多新建的综合医院通常会在基地内预留一块相对完整的土地，二期建筑通常会与一期建筑相隔一定距离，并通过医疗街进行联系。因此，在医院规划的初期，医疗街如何更便捷地联系两期院区，更好地分布医疗资源，是需要提前考虑的。医疗街在留出端口的同时，还需要统筹考虑土地的利用。

2）改扩建医院布局重组

新旧建筑之间的连接通常有添栋和接建两种方式。

医疗街通常采用末端直接相连、支状单元加宽进深、末端间接相连、医疗街末端延伸、新旧空间咬合五种方式。因此，医疗街模式的医院需要为未来的接建流出端口。

3.4.2　医疗街系统与医院功能组织

1. 大型综合医院的功能构成

大型综合医院通常包括门诊、急救、医技、住院、后勤服务、行政办公和教育研究七个主要的部分,每个部分都可以进一步划分成更小的单位,并拥有自己的核心空间。

按照其功能特点,综合医院区域又可以被划分成医疗区域与非医疗区域两类。医疗区域作为医院的核心,包括门诊、急诊、医学研究和住院部;而非医疗区域则包括安全防护、行政管理、生活服务等,旨在提供医院日常运转中的支持服务。

2. 医疗街模式下的功能布局

医院的核心职责是提供优质的医疗服务,每个部门都有自己的用房面积比例和明确的职责范围(表3-3):①急诊部是一个专门提供快速、有效的治疗方案的部门,位于医院首层,与门诊部相邻,构成了一个快速就诊区,占整个建筑物的3%。②门诊部是患者就诊的重要场所,负责接待各个方向的病人,并提供专业的诊断服务,该部门由内外科、儿科、妇科等多个科室组成,占整个医院15%的建筑面积。它通常位于医院的主入口处,并且按照医院的规模将它们划分成3~5层,以满足不同的医疗需求。③医技部也是医院的重要组成部分,它负责提供各种医学检测、治疗、护理服务,并且拥有先进的诊断、治疗设备,为患者提供全面的检查和治疗服务。该部门的办公室占据了整个建筑物的27%,占比较高。④住院部负责接收那些身体状况不佳、需要留院观察的患者,其中包括各种科室、护理单元、专科病房和传染病区等,占据总建筑面积的39%。

医院的功能分类与常规的面积占比　　　　　　　　　　　表3-3

医疗分区	主要部门	功能组成	面积占比
医疗区域	门诊部	导医咨询、挂号处、收费处、取药处、门诊药房、门诊化验、门诊科室、感染门诊、门诊治疗、门诊输液、门诊手术、预防保健用房、日间医疗设施	3%
	急诊部	分诊、接诊、挂号处、收费处、取药处急诊药房、化验、急诊用房、急救用房(EICU)、急诊手术、输液、留院观察病房、功能检查用房、影像诊断检查用房	15%
	住院部	出入院办理、探视管理、住院药房、护理单元、重症监护单元、化疗病房	39%
	医技部	手术部、医学影像科、检验科、药剂科、功能检查科、病理医技科、中心供应麻醉科、血库、介入治疗、放射治疗、核医学、生殖医学中心、内窥镜、理疗科、高压氧舱、血液透析	27%
非医疗区域	保障系统	机电设备机房、洗衣房、太平间、锅炉房、污水处理站、库房、垃圾站、停车空间、制剂室	8%
	行政管理	行政办公、图书室、档案室、计算机房	4%
	生活区	值班宿舍、倒班宿舍、职工餐厅、厨房、学生宿舍、进修医生宿舍	4%

资料来源:作者自绘。

根据以上各部分的功能特性，医疗街模式下医院功能布局可分为四种。

1）医技部、住院部集中设置

为防止医疗流线过长，部分医院将医技部和住院部整合到一起，形成基塔式建筑。门急诊部与医技部通过医疗街串联，形成基座部分；住院部则放置于医技部上侧，形成塔楼，并在首层设有独立的电梯门厅，方便乘客使用。

2）门急诊部、医技部、住院部等距设置

为提高就诊效率，部分医院将门诊部与住院部设置于医院的两端，两部门之间插入医技部，并通过医疗街将医技部一分为二，将门诊部、医技部、住院部纵向串联，整体布局形成一个"王"字形结构。

3）门急诊部、医技部集结设置

部分医院将门诊部和医技部集中放置于医疗街两侧，再与住院区（楼）联系。其中，一种是将门诊部和医技部放置在医疗街的两侧，而住院部则设置在医疗街的末端；另一种便是将医技部设置在医疗区中心，并在其左右两侧分别设置医疗街和门诊部。此种连接方式能够最大程度上加强门诊与医技之间的联系，避免流线往返重复。

4）门急诊部、医技部、住院部平行布置

当医院的规模较大，一条医疗街难以满足需求时，我们就需要设置两条医疗街，这样可以有效减少建筑层数。医技部放置于两条街道之间，门诊部与住院部放置于医疗街两侧，三个部门呈现出相互平行的结构。其他办公和后勤保障部门可与某一街道节点相连，建立完善的后勤支撑体系。

3.4.3 医疗街内部系统

1. 医疗街内部功能构成

"医疗街"是属于医疗区当中的非医疗空间部分，主要包含交通性空间、医疗辅助空间、非医疗辅助空间、聚合性休闲空间四大类空间（图3-4）。

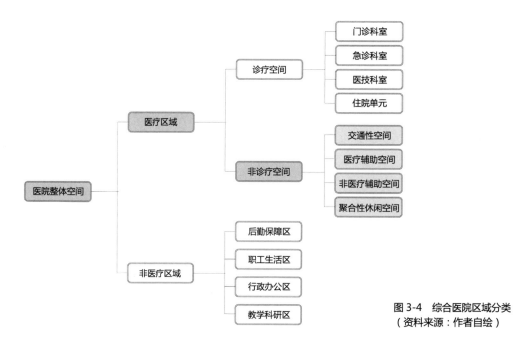

图 3-4 综合医院区域分类
（资料来源：作者自绘）

2. 医疗街内部空间构成

医疗街作为医院系统的重要组成部分，其空间属性按相互之间的关系结构可以分为三类：复合空间、节点空间以及联系空间。

1）复合空间

复合空间作为一种多元化的环境，既可以满足医疗需求，也可以满足非医疗需求，它具有极强的聚集性，可以成为系统结构的核心，其具体的空间形态可以是医疗街系统当中的中庭、庭院等。

2）节点空间

节点空间相较于复合空间，功能较为明确，其功能与位置受到医院功能流线的制约。它是复合空间与联系空间搭建好框架后，嵌入系统的空间类型，它不仅可以满足各种功能需求，还可以提供更多的服务，比如候诊、挂号、缴费、取药、商业空间等。在节点空间当中，等候空间与其他空间具有一定的差异，相比起医疗街其他空间具有一定的私密性，相比起诊疗空间又具有一定的模糊性。因此，等候空间又可以被分为治疗等候空间与非治疗等候空间两种（表3-4）。

诊疗空间分类 表 3-4

医疗区域	具体空间及其特征	
治疗等候空间	门诊等候空间	一次候诊
		二次候诊
非治疗等候空间	医技检查等候空间	使用者为患者及家属，医技科室一般为大空间，部分共用的医技科室人流量较大
	手术家属等候空间	使用者为家属，人流量相对较少，较为安静，一般靠近手术室设置
	结合入口的等候空间	出入口，包含挂号、取药的门诊大厅等
	结合交通空间的等候空间	电梯候梯厅、上落客区等

资料来源：作者自绘。

3）联系空间

联系空间是指通过对医院的整体规划和功能布局的分析，将复合空间与节点空间进行连接而形成的立体公共交通空间，联系空间决定了医院公共空间的整体拓扑关系。

如今越来越多的医院都采用了网络预约挂号的方式，让患者可以在家里轻松完成挂号，无须再去排队等待，然后到达院区再进行取号。对于首次住院患者和未知疾病患者将被安排给护士或医生进行分组诊疗，再按照患者的具体症状前往相关科室。门诊人数较多的科室，会安排二次候诊，以确保患者的就诊顺利。患者就诊后会根据其具体病情决定之后的流程，症状较轻的患者会取药并出院，症状严重的患者入院接受治疗（图3-5）。

3. 医疗街内部环境构成

疗愈环境（healing environment）是一种旨在改善患者在就诊、治疗、住院等过程中所面临的身心压力的组织文化环境，以促进患者的康复和身心健康。这一观念源于环境心理学、神经系统科学、心理神经免疫学和进化生物学等学科的研究成果。治愈是一个基本的医疗行为，但疗愈则是从"身—心—精神"的角度出发，努力帮助病人实现身体、心灵与精神上的健康恢复。

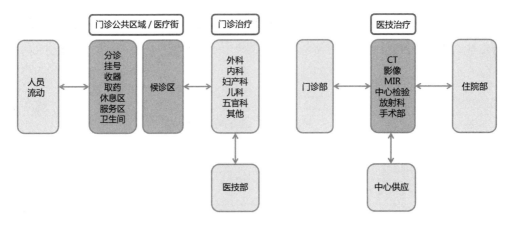

图 3-5　医疗部门间的空间联系
（资料来源：作者自绘）

根据患者在医院的就诊、治疗、住院及康复过程，我们可以把疗愈环境划分为两类：一类是能够直接影响患者心理健康的物质环境，另一类是能够通过改变周围的社会和文化氛围来间接改变患者心理健康的社会环境。

1）直接环境

患者在医院的就诊体验从候诊大厅、诊室、休息室、走廊、病房等多个角落都能直接感受到。医疗过程中患者常常会感受到多重的心理压力，从而影响到治疗效果。因此，我们需要对直接环境的质量进行不断优化，让患者感受到一个安全、舒适、快乐的空间环境，从而提高患者的治疗效果。

2）间接环境

间接环境是指那些对患者情绪影响较大人群所处的环境，这里的人群包括医护人员和家属。从表面上看，这种环境似乎并未对患者的康复产生直接的影响，但会在患者的人际交往中起到潜移默化的作用。经过精心设计的环境，不仅能够给予患者更多的人文关怀，还能够提供更多的医疗支持和家庭照顾，从而有效地促进患者的健康恢复，让他们在轻松的氛围中实现身心的疗愈。

4

医疗街使用者的需求、
行为分析

4.1 使用人群的需求分析

人的行为均基于内在动机，而动机则源于内在需求。亚伯拉罕·马斯洛[①]将人的需求分为五个层次：生理需求—安全需求—秩序、安定需求—信息交流、尊重需求—荣誉、地位、自我实现需求，这些需求更显递进式的关系，且只有当基本的生理需求得到满足时，我们才能够追求更高层次的精神需求。当我们在探讨人性化的理念时，就必须重视个人的需求及其触发的行为。行为与需求的关系是十分紧密的，它们彼此交织、相互促进，形成一个完整的整体，客观环境和条件会影响人类需求的变化和差异，导致出现各种各样的行为模式。因此，在研究人类需求时，我们必须关注理论和实践之间的相互作用。

人的活动是从心理需求到行为结果的循环。在现实世界中，人们的行为可能不仅仅是为了满足一个心理需求，而是多个需求的综合体现。人类的生活方式受到需求和行为的共同影响，且这种影响会持续地发展。因此，深入探究人类需求和行为是理解人性化服务的基础。

4.1.1　病人的心理与需求

患者是医院服务的核心群体。当人们面临疾病的威胁时，其需要从熟悉的生活场景转换至医院，从社会的多种角色转变成病人，那么医院需要怎样满足患者的需求呢？

[①]　亚伯拉罕·马斯洛是美国著名的社会心理学家，第三代心理学的开创者，提出了融合精神分析心理学和行为主义心理学的人本主义心理学。

按照马斯洛的人本主义心理学原则，可以把患者需求划分为三个递进的层次：生理、心理与社会。

1. 病人需求的层次性

1）生理需求

生理需求涉及多个领域，包括医疗护理、日常生活、安全保障等。

首先是医疗护理需求，这是患者最根本的需求。患者被疾病困扰，渴望得到医生的帮助以摆脱痛苦。

其次是日常生活需求。

最后是安全保障需求。

2）心理需求

心理需求涉及尊重需求、适应需求、信息需求。

3）社会需求

患者入院后期待能够在新的环境中建立起和谐的人际关系，保持原有的社交活动，并期待着能够重新融入社会，实现自身价值。因此，患者的社会需求也需要得到重视，具体分为交往需求、探视与陪护需求、取得成就的需求。

2. 病人需求的差异性

根据患者的年龄、健康状况以及所处的环境，他们的需求的重点、程度以及满足度都有所差异。

1）重疾患者心理及环境需求

许多患有重症特别是即将面临死亡的患者都希望能够自己照顾自己，包括洗漱、吃饭和如厕，这被看作是保持人类基本尊严的最低要求。

2）普通患者心理及环境需求

普通患者通常没有生命危险，且正在接受中等护理或等待康复。当没有生命威胁的时候，隐私、信息、娱乐、安全、社会互动和探访等需求变成了重点。

3）老年患者心理及环境需求

我国人口结构老龄化已呈现不可逆的趋势，我国即将成为一个老年人口大国，因此医院对于老年患者的需求需要特别关注。老年人通常作为一家之长，备受尊敬，但入院之后需要事事遵守医生的指示，心理不免产生落差与无力感，他们仍然期待被认可与理解。

4）儿童患者心理及环境需求

儿童对于打针吃药多半会感到恐惧，"白色恐怖"基本是我们每个人童年都会有的体验。因此，在儿童活动的公共区域采用较为活泼的颜色，例如蛋黄、果绿、橘红等，或者悬挂动物模型、彩色图画等，让患者感受到治疗的快乐；同时，为了保证儿童的安全，我们应该防止碰、撞、跌、滑，防止他们因攀爬外窗、阳台等发生意外。

4.1.2 医护人员的心理与需求

人性化设计不仅应该关注患者的需求，医护人员的需求也应该备受重视。温馨、安全、舒适的氛围有助于他们放松身心，降低压力，提升工作效率。为确保医护人员的舒适和安全，医疗街的设计应该明亮、干爽、通风良好、便利。

在新冠疫情的影响下，医患人群出入口、垂直通道（电梯）、公共活动区域等均应该采取分离措施，以减少医患之间的交叉干扰，有效地提高医疗服务的质量，为医患双方均提供舒适、安全、高效的工作与就诊环境。

4.1.3 探视人员的心理与需求

家属们承担着照顾病人的重任，且陪护人员不仅是患者与外界沟通的桥梁，也是他们心灵上的慰藉。因此，重视探视人员的心理健康和在医院的生活状态，将会提升医疗服务的质量。

4.2 使用人群的行为分析

4.2.1 人群行为模式

行为模式通常可以分为四类：秩序模式、流动模式、分布模式、状态模式，其中，秩序模式和分布模式是预测人在环境中的静态分布状况和规律，故称静态模式。流动模式和状态模式是描述人在环境中变化的状况和规律，故称动态模式。这些模式是根据人在空间中的不同需求和反应而提出的，并且可以用来研究建筑的形态、布局和尺度等。

1. 秩序模式

人在空间中的每一项活动都会经过一系列的过程，这些过程都有一定的规律性。秩序模式便是用图表来记叙人在环境中的行为秩序。秩序模式的研究可以为室内功能空间的布置提供基础依据，是室内空间布局合理性的重要因素。

2. 流动模式

流动模式是指将人的流动行为的空间轨迹模式化。通过观察轨迹，我们可以更好地理解人的空间状态的移动及行为过程中的时间变化。这种模式表示了人在两个空间之间的流动状态，反映了空间之间的密切程度。

3. 分布模式

状态模式是按照时间顺序连续观察人在环境中的行为，并画出一个时间断面，将人们所在的二维空间位置坐标进行模式化。

4. 状态模式

人的行为既会受到生理和心理因素的影响，又会受到外部环境的影响，这些因素共同构成了人的行为状态。状态模式便是常用于研究行为动机和状态变化的模式。

建筑作为人行为发生的场所，切实地反映了人类的内心世界和思维方式。医院的公共空间设计更是如此，"迷宫一样的路径""为缴费、化验上下跑""长时间的等待"等抱怨，均是人们在使用空间时承担了太多被动行为，这种行为可能会损害人类的情感。在设计之初，使用者的行为规律就必须被考虑在其中，空间才能更人性化。

4.2.2　医院人群的行为模式

人们的情绪和行为会随着环境的改变而改变，空间设计需为多方面综合考量，其中最重要的因素之一便是人的行为，"以人为本"的理念也正是由此提出。在医院中人们的行为模式不仅应该遵循常规的模式形态，还应该呈现出多样性与特殊性。

1. 功能性行为模式

功能性行为模式是医院人群的基本行为，这些行为包含挂号、收费、候诊、取药及前期咨询和指导等，这些行为由医疗服务功能空间决定。功能性行为主要涵盖了行为的流动模式及状态模式两种。

1）流动模式

包括咨询、交通和等待行为，这些均发生在医疗街当中。当患者走进医院时，他们会先挂号，然后沿指定路线前往诊室，最终在那里等待治疗，这些共同组成了一连串行为。

其中交通行为最为主要。当患者进入医院大厅便开始了他们的交通行为，这些交通行为旨在帮助他们更快到达目的地，在交通行为下，人们非常注重效率、直接与精确性，并不是太关注医院的环境。对于经常前往某家医院的使用者来说，他们对目的地都很了解，所以交通行为会比较简单。但对于首次前往该医院的使用者，由于对周围环境并不了解，他们会不得不在医院内部来回穿梭、停留、犹豫不决，这会导致医院内部的交通变得不够高效通畅。除此之外，与其他类型的公建不同，由于患者的身体状况可能会出现不适，因此在交通空间的安排上，应该考虑提供舒适的座位和缓冲区，让患者能够更好地放松和休息。

流动模式当中的等待行为可以被看作是一种静态行为，是就诊过程中一个暂时的环节。患者静止反应通常表现为等待，但等待行为的具体表现由其面临的具体情况而定。我们将办理各种就诊手续时的排队、候诊、电梯厅等待等行为视为必要的等待活动，因为它是无法避免的，但这种行为背后往往伴随着焦虑情绪，具体表现为患者通常会特别留心盯着电子屏幕，患者之间的交流很少，即使有也只仅限于患者与家属之间的交流。因此，在设计过程中，应该减少其对于交通行为的干扰，并且提供舒适、安静的等待环境。

2）状态模式

包括交流、观察等行为。强调人群在特定环境下所呈现的具体表现，这种表现会受到心理与身体的双重影响，环境的改变导致人的行为模式改变。

在公共场合，熟人之间的交流通常是随机、突然的，且地点也是不固定的。医疗街中可以设置一些放大的节点，让人们能够在这里进行交流和休息。

正常人 75% ~ 87% 的信息由视觉获得，90% 的行为由视觉引起，是人类对外界感知最丰富的感观。观看经常伴随着等待行为发生，有的是漫无目的地观望，有的是观看手机，有的是观看电子显示屏。因此，控制好视距，才能保证观看的效果。

2. 非功能性行为模式

随着医院建设的进步，非功能性行为模式正在变得越来越重要，它以其独特的方式满足了患者的多样化需求，与功能性行为模式相比，它更加注重个性化、多样性。

1）流动模式

非功能性行为当中的流动模式通常是穿插于功能性行为之中的，其轨迹性不强。

2）状态模式

状态模式包含聊天、购物和集体活动等。这种行为模式与人们的需求息息相关，也是医院设计人性化的特征。

4.2.3 人群的行为模式对空间形态、布局的影响

医院人群行为模式与空间具有紧密的联系。人的行为在空间中表现出明显的规律性，而这种规律性又会对医院公共空间的设计产生影响。

1. 行为的流动模式对空间形态、布局的影响

研究表明，人们的行为和思维方式可以影响医院的空间布局，从而改变整个医疗环境的外观和功能。

2. 行为的状态模式对空间尺度、氛围的影响

人在医院当中的行为既有集体的特征，也有个体的特征。在整个就诊过程当中，人们的行为随着环境的改变也在发生改变。从大尺度的门诊空间到小尺度的候诊空间，人的行为由观察转变为与他人交流，空间与行为之间相互影响、相互制约。

4.3　人性化与医疗街设计

4.3.1　医疗街人性化的设计理念

在医院设计当中，设计师更加注重人性化理念，站在患者和医护人员的角度更好地满足他们的需求，通过满足人类生理与心理的双重需求，创造出更加方便、高效、舒适、安全、友好的医院产品。

人性化的标志性特征，如明确的空间布局、舒适宜人的氛围、精致典雅的品质、温馨体贴的服务、先进便捷的设施，已经获得广泛认可。

4.3.2　医疗街人性化的设计需求

基于对医院人群需求及行为的分析，要衡量医疗街是否具有人性化的标准，笔者认为有五个维度，分别是高效性、健康性、安全性、舒适性及可持续性。

1. 高效性

现代医院科室众多，功能构成及关系复杂。很多患者进入医院容易迷失方向，从而降低了患者的就诊效率。医疗街作为患者及家属最主要的交通系统，其决定了使用者是否能够清晰、快速地认识医院，是否能够快速、优质地完成自己的就诊流程。医疗街只有满足了高效性要求，才能更好地为患者就诊、医院运转服务。

2. 健康性

一个健康的环境对于患者的恢复至关重要，改善建筑物的健康舒适度将会为优质医疗服务提供重要的保障。

3. 安全性

在医院里，病人的情绪比健康的人要脆弱得多，他们希望能够得到一个安全的环境。

4. 舒适性

良好的就诊环境应该是让患者、家属和医务人员可以轻松自如地进行诊疗和工作，并且获得身心上的满足，而不是被束缚和压抑。声音、光线和颜色都会对患者的体验产生重大影响。

5. 可持续性

医疗模式、医学技术与设备的转变都会给医院带来深远的影响，因此医院发展与改变的速度是难以想象的。此外，随着我国老龄化趋势的日益明显，医疗资源稀缺的矛盾也会日益凸显。医院在设计之初需要预判将来的变化，为未来的发展预留发展空间。

5

构建以人为本的医疗街评价体系

以上我们分别从客体医疗街与主体使用者两个角度出发，分析了医疗街系统的构成与使用者对医疗街需求的构成。基于以上分析可以构建一个完整的医疗街评价体系（图5-1）。

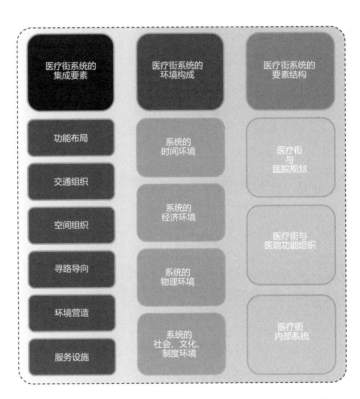

图 5-1　医疗街评价体系
（资料来源：作者自绘）

5.1　高效性

医疗街高效性评价体系构成参见表 5-1。

医疗街高效性评价体系构成　　表 5-1

A 高效性	a_1 功能布局	1. 模式辨识度 2. 模块独立性 3. 功能相关性 4. 交通空间布局 5. 医疗辅助空间布局 6. 非医疗辅助空间布局 7. 聚合性休闲空间布局
	a_2 交通组织	1. 医疗街出入口 2. 医疗街与外部交通系统衔接 3. 与地下车行接驳 4. 与人行系统接驳 5. 医患分流 6. 竖向交通数量
	a_3 空间组织	1. 空间层级性 2. 空间布局与就诊流程的对应性 3. 功能空间的垂直对位关系 4. 公共空间意向清晰性 5. 交通空间排布
	a_4 寻路导向	1. 导航系统高效 2. 标识系统高效 3. 人工导医系统高效
	a_5 服务设施	1. 智能化系统 2. 物流传输自动化系统

资料来源：作者自绘。

5.1.1　功能布局高效

1. 医疗街与门诊、医技、住院部门的关系

我国《综合医院建设标准》建标 110—2021 规定：凡城镇以上医院，同时具备下列条件者为综合医院：①应设置包括大内科、大外科、妇产科、儿科、五官科等三科以上病科者；

②应设置门诊部及 24h 服务的急诊部和住院部；③病房的设置符合《综合医院建筑设计规范》GB 50139—2014 的要求。其中，根据医院的床位数分为一级综合医院（20 ~ 99 床）、二级综合医院（100 ~ 499 床）和三级综合医院（500 床及以上）。综合医院科室设置相对全面，可提供各类常见疾病的诊疗服务，同时承担着急诊急救、科研教学、预防保健等职责。

我国当前的医疗机构运营模式分为三种，分别是"大综合小专科""大专科小综合"和"小专科小综合"。"大综合小专科"当中的"大综合"代表着一个医院的综合实力，表现为诊疗水平较高、规模较大、科室设置齐全等；"小专科"为一种独特的医疗体系，它涵盖了一个或多个具有一定知名度与影响力的特色专科。这种模式在大城市的三级甲等医院中非常普遍，也就是我们所研究的大型综合医院。

传统的大型综合医院依然存在一定的问题，具体表现为面对患有多种疾病或对自己病情不了解的患者来说，会存在需要重复看病的问题，这无论对患者还是医院都带来了较大的负担。因此，如实施学科整合、建立诊疗中心、实施多学科合作诊疗模式（MDT）①等手段将有效地改善患者的就诊体验，减少他们的等待时间。

目前，医院的门诊诊疗模式可分为分科诊疗制、中心制和双轨制三种。

（1）分科诊疗制：初次就诊的患者通常会根据自己的健康情况，查询医院的科室信息，并选择合适的科室就诊。通常，医院会根据病人的需求划分出内科、外科和其他各个部门。

（2）中心制：医院的部分科室按照诊疗中心的模式而非普通科室的形式供患者检索，患者可以根据其自身发病部位快速挂号就诊。

① 多学科合作诊疗模式（multiple disciplinary team，简称 MDT）起源于 20 世纪 90 年代，由美国的医疗专家组率先提出，MDT 诊疗是以患者为中心的现代化诊疗模式，是现代医学发展的重要方向，是指不同专业不同科室的医生，通过定期举行的讨论会，对患者病情进行集中系统分析，并结合患者的疾病分期、家庭经济状况及其身体状况和心理承受能力，在权衡利弊后确定科学、合理、规范的最佳治疗方案。

（3）双轨制：分科诊疗制和中心制相结合，部分医院采取了双轨制诊疗模式，以更好地满足患者的诊疗需求，并且提升医疗服务的效率。采用双轨制的医院可让患者根据发病部位定位到最合适的治疗中心，进一步定位到准确的科室。

医疗街作为连接门诊、医技的重要通道，其连接方式并不能一概而论，需要结合每种模式具体分析。但无论是采取哪种模式，医疗街的设计均需要满足以下功能：

（1）模式辨识度：作为串联各个功能组织的骨架，均应该做到结构层次清晰，让人能够快速辨识诊疗模式。

（2）模块独立性：保证组团的交通便利性及相对独立性，特别是住院组团，由于其本身需要安静，故应该设置于医疗街的尽端。

（3）功能相关性：保证相关组团的临近性，无论是同层临近还是上下临近。

2. 医疗街内部组织

前文已对医疗街内部功能进行分析，主要分为交通空间、医疗辅助空间、非医疗辅助空间、聚合性休闲空间四个类型。

1）交通空间

交通空间为承担交通功能的空间，包含水平及垂直两种空间。水平交通空间主要为院区出入口、门厅、走廊等，垂直交通空间主要为楼梯、电梯、扶梯等，使用者行为不固定且流动性大，空间场所感较弱。入口、门厅、楼梯、电梯、扶梯数量均应满足医院建设需求，位置具有规律性，空间开敞易于寻找。

2）医疗辅助空间

医疗辅助空间是与诊疗空间联系密切、具有等候性质的空间，包括候诊、挂号、收费等，人员较为集中，空间场所感较强。空间设置须具有一定独立性，避免与交通空间产生干扰。

3）非医疗辅助空间

非医疗辅助空间为使用者提供日常生活便利的人性化空间，满足院内人群的生活与社交需求，如餐饮、便利店等商业空间。功能应结合具体使用人群设置且与医疗区域相对隔离，互不干扰。

4）聚合性休闲空间

聚合性休闲空间是为非诊疗区使用者提供的休闲场所，缓解人在医院空间中的压抑感，如广场、共享大厅、中庭、休息厅等。空间应多与自然相结合，场所感较强，且需结合中庭、门诊大厅设置，结合各组团出入口连接处设置。

5.1.2　交通组织高效

1. 与城市衔接效率
1）医疗街出入口

如何有效地组织出入口关系，克服空间限制，成为当前需要重点关注的课题。大型医院的不断发展，床位数的不断增加，使得交通流量的分布格局发生了巨大的改变，从而形成了以门诊和住院两者为主导的交通网络。因此，在条件允许的情况下，患者应从不同的入口进入医院，减轻单一入口的交通拥堵，并且加强医院与城市之间的联系。

2）医疗街与外部交通系统衔接

医院的外部交通系统主要分为三个部分：交通主干道、交通接驳系统及交通转换点。外来人员由动态交通转变为静态交通，并不意味着外部交通组织的结束，乘客仍需步行前往医院内部交通体系。因此，为提升整体交通系统的便捷性，室外交通需要与内部交通进行无缝衔接，合理设置交通节点，从而解决传统烦琐而低效的人工寻路问题。此外，我们还将加快人流引入和导出的速度，以减少人流的聚集。

2. 与建筑接驳效率
1）与地下车行接驳

为了减少病人的行走时间，车行接驳应尽量缩短，以形成连续、紧凑的交通流程。因此，通过集中式接驳，能够有效地减少接驳点的数量，并将空间资源整合成一个辐射力更强的区域，从而成为整个院区交通转换的核心枢纽。因此，地下医疗街应该与接驳核心区有机结合，实现患者能够安全迅速地进入到医疗街，再分流到各个科室。

2）与人行系统接驳

外部连廊虽没有围护结构，但能够提供通风和采光且能够遮阳避雨。特别是在南方地区，采取风雨连廊的措施可以有效地减少这些不利的天气条件，并且它的使用效率也很高。因此，与步行系统相连接的无风雨连廊也应该成为医疗街设计的重要组成部分。

3. 医疗街内部分流效率 —— 医患分流

医患分流通过区分通道进行平面组织，设置平行于医疗街的医护通廊给医护人员使用。无论采取何种模式均需要对医患进行合理分离。

5.1.3　空间组织高效

1. 空间层级性

重新定义水平空间的分层架构，以提高效率和准确性。医院拥有一套明确的分层结构才能确保每一步的衔接和流程的有效性。第一阶段为城市到医院区域，第二阶段是医院区域到单体，第三阶段是单体到科室，这三阶段的转变是至关重要的。其中，第三阶段尤为关键，需要清晰地界定出公共空间、兼容空间、专属空间与交通空间、一次候诊、二次候诊等多种空间属性，有助于更好地理解患者的需求，从而减轻患者在复杂环境中的困惑，提升就诊效率。

2. 空间布局与就诊流程的对应性

在医院建筑设计中，使用者就诊流程的特点决定了寻路的规律性，因此，空间布局与流程紧密结合将很大程度上提高就诊效率、提升就诊体验，能够有效地缩短患者诊前、诊后时间。

3. 功能空间的垂直对位关系

为了提高医疗街的整体美观度，并满足患者的需求，我们应尽可能地使医疗街每层的功能区域及它们之间的拓扑结构保持垂直对称。

4. 公共空间意向清晰性

1）空间的主次关系

典型的空间特征可以增强道路的视觉效果，道路的宽窄也可体现道路的主次关系。为了提高医院的使用效率，我们需要合理地规划和布置走廊。一种方式是扩大主走廊的宽度，并确保它能够与周围的环境协调一致。

2）空间的边界感

边界的"不可进入"特性构成了人们探索道路时的重要界面，通过合理地划分空间中的各个部分，可以显著降低大型综合医院平面布局的复杂性，减少患者在就诊过程中所需要选择的路线，同时也有助于建立各个功能区的区域感。

3）区域特征

由于大型综合医院的结构复杂，其内部空间的布局往往难以辨别。通过将医院的各个区域进行差别设计，并赋予它们独特的特色，我们能够帮助患者更加清晰地了解医院的复杂结构和空间布局。

4）空间标志物

标志物作为人们观察的重要参考点，能够加强人们对空间的记忆，人们依赖它们指引方向。因此，在医疗街中合理设置标志物可以有效提高医院使用者的寻路效率。标志物通常由多个独立的元素组成，能够满足人们的识别需求，还能与周围环境形成鲜明的对比。

5）节点可达性

节点作为人类思维和行为的核心，对于提高使用者体验和满足他们的需求至关重要。医疗街的核心区域通常包括中庭、交通枢纽、大厅、交叉路口等。

5. 交通空间排布

自动扶梯具有卓越的运行效率，可以维持较高的稳定性，因此自动扶梯已经成为大多数人在门急诊楼竖向交通的首选，它可以有效地满足行动不便的患者的出行需求，同时也可以减少楼层之间的转换；电梯拥有极大的便利性，它能够快速到达指定位置，因此，它已成为门急诊楼无障碍设施中不可或缺的重要组成部分，其单位运量有限，在人流量较大的情况下，需要排队等候，因此其需要更大的等候空间；楼梯是建筑物消防疏散的必要设施，它具有灵活性，能够连续输送大量人流，但使用者需要付出一定的体力。

5.1.4　寻路导向高效

1. 导航系统高效

对应前文提到的三个阶段，导航系统主要运用于第一、第三阶段：第一阶段我们可以利用城市导航系统来帮助我们找到目的地，这种方法可以通过乘坐自己的交通工具或乘坐公共汽车来实现。第三阶段的导航系统则是帮个人或团队从单体到科室快速找到目的地。

2. 标识系统高效

标识系统贯穿了医院的三个阶段：城市—院区、院区—单体、单体—科室。尽管医院的标识系统对于患者的就诊流程至关重要，但它们的设计却存在着一些冲突，这些冲突会影响患者的就诊意识和寻找出口的能力，因此应当引起足够的重视。

5.1.5　服务设施高效

1. 智能化系统

医院的智能化设备涵盖各个领域，智能系统的植入可以大大提高就诊效率，涉及医疗街的智能化设备包括显示屏、查询系统、排队等候系统和挂号收费系统。

2. 物流传输自动化系统

建立和完善一套完善的物流管理体系，将有助于提高药品的存储、管理和运输效率，才能更好地满足患者的需求。医疗街作为医院的核心骨架，其与医院的物流系统是密不可分的，因此医疗街的设计必须将物流系统考虑在内。

5.2 健康性

医疗街健康性评价体系构成参见表 5-2。

医疗街健康性评价体系构成   表 5-2

B 健康性	b$_1$ 环境营造	1. 声环境 2. 光环境 3. 热环境 4. 空气质量
	b$_2$ 服务设施	1. 洗手设备 2. 材料抗菌

资料来源：作者自绘。

5.2.1 环境营造健康

环境因素对病人的治疗和康复有着重要的影响，其中包括温度、湿度、噪声、光照等物理因素，以及有害生物、细菌和病毒等生物学因素。

1. 声环境

声环境的评价内容包括对噪声水平的控制措施和隔声措施两项。

1）噪声水平

当噪声水平在 45 ~ 50dB 之间时，患者的焦虑感会明显增强，而在 60dB 以上时，这种噪声可能会导致患者感觉不舒服。噪声源可能来自各种机械设备。噪声可以通过各种方式传播，例如通过空调系统的压缩机、电机和排气扇等，也可以通过风道、墙壁和建筑结构等传递到室内。随着这种噪声的不断扩散，在室内的控制变得困难。因此，在设计过程中，采取有效的声源抑制和隔声措施比较重要。

2）隔声性能

（1）开口部位的隔声：主要指窗户与窗框的隔声。越是具有良好的隔声性能的开口部位，就越能有效地阻挡如交通噪声等外界噪声。

（2）隔墙和楼板的隔声。

2. 光环境

1）自然光的利用

医疗街应尽量开窗，以获得好的日照，条件不允许时，可以采用天窗的形式。

2）人工照明设计

医院环境应是温暖舒适的，以便让患者得到放松，强烈的灯光会导致患者焦虑不安。而一个完善的照明系统由日常用途、文化娱乐和夜间照明三部分组成。

（1）一般照明：应考虑走廊的清晰度与舒适度，最低要求有几十勒克斯的照度即可。

（2）夜间照明：夜间为了确保病人的安全，走廊的照明设置应低于 30lx，以便医护人员可以轻松进行巡视。提高室内照明水平是改善医院环境的最有效方法之一。

3. 热环境

1）室内热环境

人的新陈代谢率是衡量室内热环境设计的重要指标。病人对外界温度的变化非常敏感，所以需要为他们提供适宜的热环境。

2）室外热环境

室外热环境是一种复杂的、多变的复杂系统，它包括太阳辐射、大气温度、空气湿度、风、降水以及其他各种因素。室内热环境会被室外热环境直接影响，因此要想让建筑物具有良好的室内热环境，就必须充分了解周边环境的热变化规律和特点，并根据这些信息对医疗街进行合理的热工设计。

4. 空气质量

为有效地预防空气感染，空气消毒是重要手段，组织通风同样是保障空气质量的重要手段，它可以有效降低空气中的细菌和病毒数量。同时，为减少微生物污染，在安装集中式空调系统时，必须严格选择回风口，应严禁将传染病房、同位素污染空间、卫生间等污染严重的环境中的空气排放到回风系统中。

5.2.2 服务设施健康

1. 洗手设备

洗手设备可以采用传感器型或者肘部、膝盖动作型单柄开关水龙头，高度应该满足能够洗到手腕；墙壁上应该放置洗手液、消毒液、镜子、纸巾盒等必要的设施，实现更加舒适的洗手体验。

2. 材料抗菌

医院的材料选择除了考虑外观美观外，还应该注意它们的安全性、卫生性、易于清洗、耐用性以及抗腐蚀能力。

5.3 安全性

医疗街安全性评价体系构成参见表5-3。

医疗街安全性评价体系构成　　　　表5-3

C 安全性	c_1 功能布局	1. 安全疏散 2. 防火分区 3. 感染防范
	c_3 空间组织	空间尺寸
	c_6 服务设施	1. 无障碍设计 2. 安全防范设施设计 3. 防火系统设置

资料来源：作者自绘。

5.3.1 功能布局安全

1. 安全疏散

疏散是一种应对紧急情况的行动，旨在帮助室内人员迅速逃离危险区域，以避免可能发生的灾难。目前的医院建筑具有庞大的患者数量和复杂的功能，因此在突发事件的情况下，医院的疏散能力将决定其患者的安全。医疗街作为人员疏散的重要场所，其疏散安全的重点在于确定疏散口位置及距离疏散口的距离（表5-4）。

（1）疏散口：位置是否易于辨认是影响疏散效果的关键因素。

（2）疏散距离：所有房间到达疏散楼梯的距离必须符合国家规定。

房间疏散距离（单位：m）　　　　　　　　　　　　　　　　　　　表 5-4

名称		位于两个安全出口之间的疏散门			位于袋形走道两侧或尽端的疏散门		
		一、二级	三级	四级	一、二级	三级	四级
单层、多层		35	30	25	20	15	10
高层	病房部分	24	—	—	12	—	—
	其他部分	30	—	—	15	—	—

资料来源：《建筑设计防火规范》GB 50016—2014。

2. 防火分区

医疗街多位于多层医疗建筑当中，其应满足多层建筑防火规范要求（表 5-5）。

不同耐火等级建筑的允许建筑高度或层数、防火分区最大允许建筑面积　　　表 5-5

名称	耐火等级	允许建筑高度或层数	防火分区的最大允许建筑面积（m²）	备注
高层民用建筑	一、二级	按本规范第 5.1.1 条确定	1500	对于体育馆、剧场的观众厅，防火分区的最大允许建筑面积可适当增加
单、多层民用建筑	一、二级	按本规范第 5.1.1 条确定	2500	
	三级	5 层	1200	—
	四级	2 层	600	—
地下或半地下建筑（室）	一级	—	500	设备用房的防火分区最大允许建筑面积不应大于 1000m²

资料来源：《建筑设计防火规范》GB 50016—2014。

3. 感染防范

医院既是提供治疗的地方，又是各种疾病患者聚集的地方。医院的病人很多免疫力较低，身体较为虚弱，容易受到其他疾病的侵害。加强医院建筑的感染防护工作可以从分区和分流两个方面述说。

1）分区

为确保门诊使用者的安全（除了普通患者外，还有儿童和感染患者），因此必须对不同类型的患者进行分区治疗，在必要时保持一定的安全距离。为了保证儿童和感染患者的安全，医院应该提供独立的挂号收费服务，感染门诊通常应该单独设置。

2）分流

门诊区有多种不同的流程，如涉及普通病患、传染病患、医疗工作者、清洁用品和废弃物等，为有效地预防感染，要确保每条流程都是完全独立的，感染人员应该有独立的入口和就诊区域。

5.3.2　空间组织安全

空间尺寸方面，相关的数据应符合《综合医院建筑设计规范》GB 51039—2014的要求，其中第 5.1.5 条要求：主楼梯宽度不得小于 1.65m，踏步宽度不应小于 0.28m，高度不应大于 0.16m。第 5.1.9 条要求：公共走道不宜低于 2.3m。

5.3.3　服务设施安全

1. 无障碍设计

医疗街作为医院的核心空间，应充分考虑行动不便或有特殊身体状况的病人。合理的无障碍设计应注重使用者的便利性，且充分考虑人的生理机能，如运动、视觉、记忆力、辨识力等。在无障碍设计中，我们应该考虑四个重要因素：水平交通、垂直交通、卫生设施和服务设施。

1）水平交通

为满足病患的出行需求，医疗街应为无障碍通道，其宽度不能低于 2.4m，以便轮椅和推床可以双向通行；走道扶手必须符合相关规范的要求；确保地面平整、光滑，并在有高差时设置坡道，保证地面的连续性。

2）垂直交通

为保证乘客的安全，建议在同一建筑内设置至少一部无障碍电梯或无障碍楼梯，其梯段宽度不得小于 1.65m；为方便残疾人使用，无障碍楼梯应该配备休息平台，并在梯段两侧设置扶手；为保证安全，每个电梯都必须配备一部无障碍电梯，并且其设计必须符合相关标准，电梯出入口和轿厢的表面都必须平整。

此外，《无障碍设计规范》GB 50763 — 2012 明确规定，门急诊楼必须设置一部无障碍楼梯，并对其进行详细的说明。

3）卫生设施

在公共厕所里必须设置无障碍厕所，厕所内部应预留出足够的回转空间，回转直径不得小于 1.5m。

4）服务设施

为了更好地服务于病人，医院应该在挂号、收费、取药等窗口设置至少一个低位服务台或窗口，以满足病人的需求；在低位服务台的底部应该留出充足的空间，以便轮椅使用者能够回转与自由移动。

2. 安全防范设施设计

患者的心理状态常常比较脆弱，为了防止攀爬和自杀，应该采取一些防范措施。例如，安装安全玻璃窗，设置防撞护角，在走廊和浴厕设置扶手，使用固定式家具。地板应该采用防滑材料，并设置监视器等。

3. 防火系统设置

（1）《建筑设计防火规范》GB 50016 — 2014 要求：医院任一层建筑面积大于 1500m^2 或总建筑面积大于 3000m^2 的病房楼、门诊楼和手术部，且为多层建筑时，应设置自动灭火系统，并宜采用自动喷水灭火系统。

（2）《建筑设计防火规范》GB 50016 — 2014 第 8.4.1 条要求：不少于 200 床位的医院门诊楼、病房楼和手术部等，应设置火灾自动报警系统。

5.4 舒适性

医疗街舒适性评价体系构成参见表5-6。

		医疗街舒适性评价体系构成 表5-6
D 舒适性	d₁ 功能布局	功能布局多元
	d₂ 交通组织	1. 自动扶梯设计 2. 电梯设计 3. 楼梯设计
	d₃ 空间组织	1. 空间尺度对比 2. 候诊座椅布置
	d₅ 环境营造	1. 色彩环境 2. 装饰装修 3. 绿化及景观

资料来源：作者自绘。

5.4.1 功能布局舒适

生活配套设施包含公共服务设施与病房内的服务设施，这里主要探讨公共服务设施，包含ATM、餐厅、电话亭和商业区等。在医院里，生活设施是必需的，可以为患者和家属提供便利的生活服务。越来越多的大型医院不再满足于简单的诊疗功能，而是开始投入更多资源，成为功能齐备、复合多元的服务空间。

5.4.2 交通组织舒适

1. 自动扶梯设计

在选择自动扶梯时，应该充分考虑梯级宽度、额定速度、倾斜角、水平梯级数量等参数，以便获得最佳的使用体验。适当增加出入扶梯水平段的缓冲距离，使行动不便的患者能够轻松上下扶梯。

2. 电梯及楼梯设计

在建筑设计中，电梯厅的平面尺寸对于提高乘客的舒适度至关重要，其中包括宽度和深度两个方面。电梯厅宽度与并排布置的电梯台数有关，如果电梯台数过多，乘客们可能会因为精神状态不佳、反应迟缓、体弱行动迟缓而无法及时赶到另一端到站的电梯。为了确保安全，电梯的并列排布最好不要超过四台。电梯厅的宽敞程度取决于两个重要因素：一是轿厢深度，在电梯满载的状态下，乘客走下电梯后有足够的空间容纳他们；二是候梯厅是否还兼作水平交通空间，"开敞式"电梯厅既能满足乘客的乘坐需求，又能提供水平交通的便利，如果电梯厅的宽度不足，将无法容纳大量等待的乘客，导致拥挤不堪。此外，鉴于候梯时间较长，建议在候梯厅内设置足够的休息区，以便乘客能够得到更好的休息。

在设计楼梯时，我们要注重它的实用性，若楼梯长度过长，且缺少支撑脚，可能导致乘客感到不安。为确保安全，主楼梯段的宽度通常不低于 2m，因此除在两侧安装扶手外，还必须在梯段的正中央增加一排支撑结构。为了满足行动不便者的需求，可采用单跑楼梯或双跑楼梯等直线形楼梯。开放式楼梯，即非专业的疏散楼梯，常常被安排在宽阔的大厅内，它能够给整个大厅带来更多的视觉效果，同时也能够有效地指引人们，因此，它已经成为大型医院门急诊楼大厅的标配设施。

5.4.3　空间组织舒适

1. 空间尺度对比

空间尺度的变化会对人产生重大影响，它会引导患者思考和行动，帮助他们更容易地找到适合自己的环境。通过增强空间尺度的对比，可以更准确地识别出空间，为患者提供更加精准的空间指引。

在大的公共空间中，我们可以放置景观、中庭或休息区，以便更好地服务于患者；为了减少患者停留对交通的不利影响，我们应该将需要快速穿行的区域设置为直线形；通过设置交通枢纽和十字路口，提醒患者注意周围环境，避免他们穿过目标科室（图 5-2、图 5-3）。

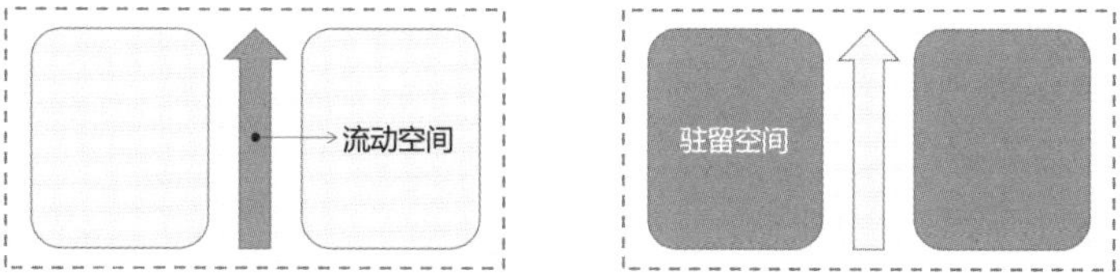

图 5-2　流动空间与驻留空间
（资料来源：作者自绘）

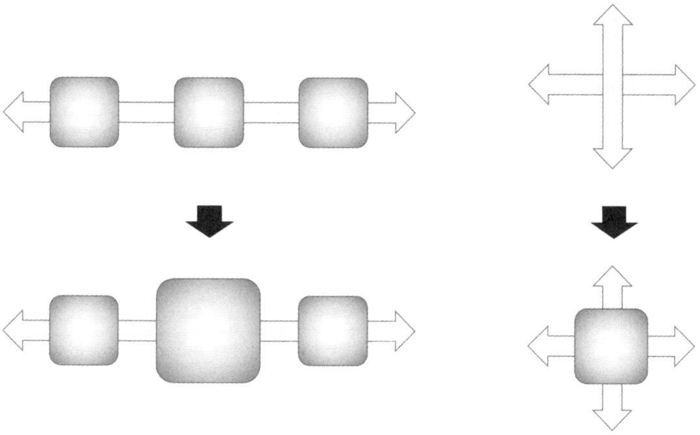

图 5-3　空间节点尺度对比分析
（资料来源：作者自绘）

2. 候诊座椅布置

1）候诊座椅布置方式

在候诊厅里，座椅的摆放应该符合使用者的个人需求，避免摆放得太拥挤。建议在 2 ~ 3 个座位之间留出一个通道，以便让更多的人能够通过。此外，还可以采取向心、平行或边缘化等多种方法，以满足患者的个性化需求。

单行排列座椅是最常见的布置方式，它能够有效地利用空间，但是由于患者之间的距离较近，缺乏私密性，因此无法满足患者的交往或独处需求。与传统的长排排列的座椅不同，3 个一组的座位方案能够满足 1 个患者和 1 ~ 2 个陪伴者的落座需求，而且还能够提供一定的空间，让他们能够在2 个不熟悉的人之间保持一定的安全距离，从而更好地满足他们的需求。研究发现，患者更偏爱坐在靠近走廊的座椅上，而不是长排座椅的中间。3 个一组能够提高座椅的利用率。此外，两列座椅之间设置置物桌、配备轮椅停靠的位置，能够为患者带来更加舒适的就诊体验（图 5-4）。

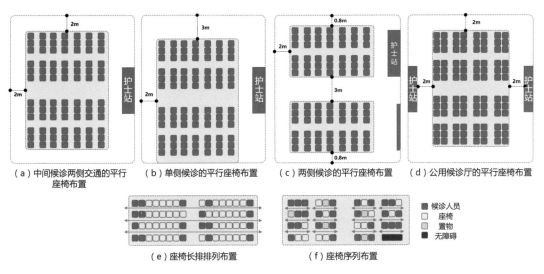

（a）中间候诊两侧交通的平行座椅布置　（b）单侧候诊的平行座椅布置　（c）两侧候诊的平行座椅布置　（d）公用候诊厅的平行座椅布置

（e）座椅长排排列布置　（f）座椅序列布置

图 5-4　候诊厅座椅平行式布置
（资料来源：作者自绘）

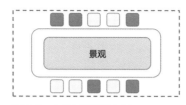 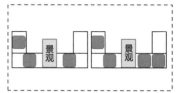

图 5-5　座椅长排排列布置　　　　图 5-6　座椅序列布置
（资料来源：作者自绘）　　　　　（资料来源：作者自绘）

通过组合式座椅的布置，可以将候诊空间划分为洽谈区、观影区、单人候诊区等多种功能，利用矮墙或绿化等环境元素，为患者提供更多的服务选择，让他们在候诊期间可以享受娱乐、交往活动，缓解内心的烦躁感受；同时，也可以为单独就诊的患者提供一个安静的空间，让他们可以欣赏美景、听听音乐，从而更好地满足自己的需求，以保持候诊时平静的心态；同时，在候诊区应使得每个人都能没有障碍地看清叫号屏幕上的信息，让每个人都可以轻松获取所需的服务，并且还可以根据个人的需要来选择合适的座位（图5-5、图5-6）。

2）候诊区域与环境结合

候诊区域与庭院或户外平台结合，可以让患者在这里放松身心，减轻他们的焦虑和烦躁。这样，他们就能在这里舒适地休息、锻炼、漫步和交流，从而达到最佳的治疗效果。

5.4.4　环境营造舒适

1. 色彩环境

在走廊和楼梯间，由于光线通常较暗，因此可以选择温暖的颜色来营造出温馨的氛围。走廊的扶手，可以使用原木色，营造出家庭气息。

2. 装饰装修

通过对医院环境进行精心装饰，可以让病人感受到一种亲切的氛围，缓解他们的焦虑情绪。通过在医疗街点缀艺术品，可以为患者创造一个充满艺术气息的环境，让他们感受到生命的美好与空间品质。

3. 绿化及景观

患者不仅需要安静舒适的休息，还应该进行有规律的运动，如散步、游戏和适当的锻炼。常见的景观绿化包含中庭绿化、空中庭院、屋顶花园等，医疗街可以与景观绿化结合，将各个层次的绿化联系起来，为患者提供一个完整、舒适的景观系统。

5.5 可持续性

医疗街可持续性评价体系构成参见表 5-7。

医疗街可持续性评价体系构成 表 5-7

E 可持续性	e_1 功能布局	1. 医疗街连接下的医院整体性 2. 自我拓展端
	e_2 交通组织	1. 连续的空间秩序 2. 应对医院拓展的尺寸考虑 3. 柱网与空间的模块化
	e_3 空间组织	1. 空间尺度对比 2. 候诊座椅布置
	e_5 环境营造	相似的材料、色彩等细节的处理

资料来源：作者自绘。

5.5.1 功能布局可持续

1. 医疗街连接下的医院整体性

在医疗街体系下，医院的运营需要一个完整的、系统的架构，各个部门之间的协作与配合，使得医院的运营更加高效。因此，任何一个单独的要素都不应该被忽视，而是应该被综合考虑，以便实现最佳的使用效率。

2. 自我拓展性

保存医院单体的拓展端，使其在结构和外立面上有进行独立拓展的可能性。

5.5.2　交通组织可持续

1. 连续的空间秩序

为了确保医院空间的整体性，我们需要建立连续空间秩序。为适应医疗街体系类型与动态变化模式，应当因地制宜地设置交通枢纽，以创建有节奏感的空间布局。

2. 应对医院拓展的尺寸考虑

在规划和设计的过程中，医疗街应该考虑到未来的发展，应该具备足够的空间容量以及空间可能性，以便将来能够容纳更多的人群。

3. 柱网与空间的模块化

需要通过模数化设计，确保建筑物的材料和结构的可替代性，运用标准化设计，满足建筑变化中的及时更替，有助于提高建筑物的使用寿命。与传统的医疗建筑设计不同，弹性空间单元的并联模式可以更好地满足医疗中心的多样化需求，它不仅包括银行、商店、休息厅、健康咨询、网络查询等公共服务，还可以提供更多的个性化服务，使得整个医疗系统更加完善、更加灵活。

通过采用模块化单元设计，可以根据特定的模数要求，精确地调整柱网尺寸、层高和荷载，使其符合要求，从而构建出一个完善的医疗中心空间，满足多种功能的需求。

5.5.3　环境营造可持续

相似的材料、色彩等细节的处理：统一性原则对于空间创作来说至关重要，即使不同的历史时期所建造的建筑物具有独特的外观和结构，但是通过恰当的颜色、材质的搭配，也可以达到和谐的效果。因此，使用一致的原料、外观及工艺是营造环境可持续发展的重要策略。

6

大型综合医院医疗街的实际案例

6.1 大型综合医院分析案例选择

6.1.1 医疗建筑与地域环境

我国拥有广袤的土地与丰富多元的文化，不同的地域特征与文化特征对当地的建筑产生了深远的影响。本章希望从地域角度出发，深入探讨不同地域中大型综合医院的设计，试图剖析不同的地域背景、文化背景、医疗水平、经济条件、施工条件等众多因素限制之下医疗街的设计。

首先是气候，气候的多样性决定了一个地区的独特性。一个地区的建筑独特性的体现，最重要的条件之一便是做到适应当地复杂的气候环境。由于气候的差异，建筑的布局也会有所变化，例如在寒冷的地方，建筑的布局更加紧凑，而在潮湿炎热的地方，则更加松散。

其次是地理环境，场地的地理位置和周围的交通状况会很大程度上影响建筑的布局。例如，山城重庆和水乡西塘便是在多年的演化之中，不断与地理环境相融合的结果。

再次是地方材料，材料作为建筑的重要组成部分，其选择会对建筑的外观和体量产生重大影响。例如，雅典卫城的神庙建筑使用了石头，因此体积巨大。中国古代宫殿通常由木材建造，因此体量相对较轻。本土资源不仅能够彰显当地的文化特色，还能唤起人们对这片土地的共鸣。

此外是当地的经济与技术条件，对建筑的设计、选材、布局等方面具有深远的影响，从而呈现出建筑的风格、功能、外观、色彩等多方面的变化。因此，要想打造出完美的地域建筑，就必须把当代的科学技术、传统的工艺以及人文关怀紧密结合起来，使之与自然完美融合。通过使用适当的技术进行设计，才能实现建筑与环境共生。

地域文化包含各地的民族风俗、文化信仰和宗教礼仪都影响着建筑的布局。例如，客家土楼的家族聚居形式都是以家族为单位的，许多传统建筑群则是以祠堂为中心。许多地区拥有独特的城市景观，例如梅县的"八山一水一分田"景观，长沙的"山－水－洲－城"景观，这些独特的景观和历史深植于当地居民的心中，因此将其融入当地的文化元素，可以使医疗建筑的规划和布局更加符合当地的特色，激发出当地居民的集体记忆，为当地的社区带来独特的文化氛围。

6.1.2　医疗建筑与医疗环境

随着我国社会经济的发展，人民的生活水平也在不断攀升，特别是在医疗保障方面提升显著。随着公共卫生服务体系的不断完善、全民医疗保障机制的不断优化及国家卫生医疗体制的持续创新，人们的健康状况得到了显著的改善。但工业化和城市化的高速发展，使得环境污染已经成为一个严重的问题，这种污染导致了慢性疾病的普遍化、多发化、低龄化，这些问题使得居民对健康的关注与当前医疗设施资源的供给不足、不均衡之间的矛盾日益突出，从而引发"看病难、看病贵"等社会问题。从根本上讲，这种情况是由于地区间经济社会发展的不平衡，以及当前医疗卫生管理机制的短板所造成的，特别是在落后地区，这种医疗设施的供给差距更加明显，这种情况具体表现为医疗手段匮乏，以及部分医院人满为患，部分医院无人问津，医疗资源利用失衡。因此，医疗卫生设施的分布差异性也是我们选择案例重要的考量因素之一。

6.1.3　研究对象选择

本章分别选择了珠三角地区的香港大学深圳医院、北方地区的郑州大学第一附属医院郑东新区医院以及长三角地区的浙江大学医学院附属第一人民医院三家大型三甲医院，规模均在 2000 床以上，郑州大学第一附属医院更是被称为亚洲最大医院。它们均属于我国优质医疗资源的代表，代表着我国不同地域、不同发展水平以及不同医疗环境的三种医疗模式（表6-1）。

① HOD: 全称为 Hospital Oriented Development，一种以医院为导向的开发模式。

综合医院案例信息汇总 　　　　　　　　　　　　　　　　　　表 6-1

名称 信息		香港大学 深圳医院	郑州大学第一附属医院 （郑东院区）	浙江大学医学院附属 第一人民医院余杭院区
地区		珠三角地区	北方地区	长三角地区
位置		广东深圳	河南郑州	浙江杭州
建成时间		2012 年（二期在建）	2016 年	在建
医院特色		医疗街 生长性 （可持续性）	超大规模 高容积率 HOD①	去中心化 门诊一站式服务
床位		2000（未来 3000）	规划 3000	1200
用地面积（m²）		192000	167300	134800
建筑面积（m²）		570000	620000	306500
其中	地上面积 （m²）	380160	450000	178872
	地下面积 （m²）	189840	170000	127600
容积率		1.98	2.69	1.33

资料来源：作者自绘。

6.2 珠三角地区——香港大学深圳医院

6.2.1 基本信息

1. 建筑环境

1）地域环境

深圳作为广东省副省级城市，是国家计划单列市，被国务院批准为中国经济特区、全国性经济中心城市、国际化城市、科技创新中心、区域金融中心和商贸物流中心。深圳市总面积达 1997.47km²，截至 2021 年年底，深圳市常住人口已经达到了 1768.16 万人。深圳作为粤港澳大湾区的核心城市，拥有国家级物流中心、国际性综合交通枢纽、国际科技产业创新中心以及中国三大全国性金融中心的地位。

深圳位于广东省的南部，珠江口东岸，位处南亚热带季风气候区，气候宜人。

《民用建筑设计通则》GB 50352—2019 将我国划分为 7 个主要气候区和 20 个次要气候区。深圳属于典型的夏热冬暖区，气候具有明显的特点：太阳高度角较大，热辐射较强，梅雨季节较长，湿度较大。深圳的气候极其炎热潮湿，这就要求医院的建设必须考虑到良好的空气流通、遮荫、防涝等多方面的因素。

2）医疗环境

《2021 年深圳市卫生健康统计提要》的数据显示，2021 年年末，深圳市共有 5241 家医疗卫生机构（不含深圳、汕头特别合作区数据），其中 603 家为独立社区健康服务中心，较上年增加了 555 家。医疗机构 145 家。全市床位 63990 张床，其中医院有 58795 张，全市医护人员 139781 名。全市全年 11422.62 万人次就诊，其中医院接待了 8719.14 万人次，而卫生院接待了 21.38 万人次。全市全年住院病人数量达到 183.89 万人次，比上年增长了 22%。

2. 建筑概述

香港大学深圳医院（图 6-1）是一所深圳市政府全额投资、引进香港大学管理模式的大型综合医院。该医院的总投资为 40 亿元，占地面积达 19.2 万 m²，建筑面积 36.7 万 m²。深圳市卫生健康委员会 2021 年公开的数据显示，香港大学深圳医院开放床位近 2000 张，日均门诊量 8000 ~ 10000 人次。未来将会扩展至二期，预计可达 3000 张床位。香港大学深圳医院作为三个案例当中最早建成并使用的医院，其医疗街模式也是当代医院医疗街模式设计的经典。整个院区分为两期建造，一期完工于 2012 年，二期预计于 2024 年年底竣工，2025 年年初投入使用。

图 6-1　香港大学深圳医院鸟瞰图
（资料来源：meng architects）

6.2.2 高效性分析

1. 功能布局

1）模式辨识度

院区整体为经典的鱼骨式布局，以连接门诊与医技的医疗主街为核心，通过支路向南北两侧展开，形成南中北三大组团，南组团由一期三栋住院楼及二期新建成的科研中心和宿舍组成；中组团则由一期的门诊医技楼及二期新建的住院综合楼组成；北组团则由后勤服务楼及科教管理楼组成。整个医院的功能组织模式无论从总图还是从内部空间感受层面均有较强的辨识度。

2）模块独立性

院区的内部交通由中央的主医疗街与两侧连接两侧辅楼的辅助街道组成，住院、后勤、科研等设置在附楼当中，相对独立。

3）功能相关性

香港大学深圳医院共设置有 5 个诊疗中心，包括心血管医学中心、神经医学中心、肿瘤医学中心、骨科医学中心及生殖与诊断医学中心。其中，心血管医学中心、神经医学中心、肿瘤医学中心、骨科医学中心设置在二层，生殖与诊断医学中心与妇产科、外科设置在三层，耳鼻喉科、皮肤科等设置在四层，一层则为全科门诊及儿童门诊、体检中心等，负一层为急诊。相关功能结合层数就近布置，较为合理。

4）交通空间布局

医疗街西侧四层通高的门诊大厅（图 6-2）为其主要入口，医疗主街（图 6-3）同样设置通高中庭，中庭将街道一分为二，自动扶梯沿医疗街靠外侧设置，电梯及楼梯结合功能靠内侧间隔设置，自动扶梯、电梯与楼梯布置位置明显、逻辑清晰，对交通人流干扰较小。

5）医疗辅助空间布局

香港大学深圳医院的候诊区并没有设置在医疗街上，而是结合诊室设置，与医疗街用透明墙体有较好的分割，门诊收费主要设置在一楼门诊大厅，各层的门诊挂号、收费结合医疗街中庭两端较大进深空间设置，对交通空间存在一定的干扰（图 6-4、图 6-5）。

6）非医疗辅助空间布局

香港大学深圳医院分一、二两期建设，一期一层结合医疗街中庭有便利店等较少商业设置，二期将结合地铁站点设置生活街，与医疗街相连，这样既可以满足适用人群需求又避免相互干扰（图6-6）。

7）聚合性休闲空间布局

医疗街结合通高中庭设置室内景观绿化，并结合花坛设置一体化座椅供使用者使用，为医疗街提供了休闲场所（图6-7）。还结合便利店设置临时就餐区，满足人们用餐的需求（图6-8）。

2. 交通流线

1）医疗街出入口

香港大学深圳医院医疗街于两端设置门厅，形成两个主要的出入口，南北两侧结合连接辅楼的连廊灰空间分别设置三个次入口，可有效缓解医疗街的人流拥挤状况（图6-9）。

2）医疗街与外部交通系统衔接

院区共4个车行出入口，其中，正门处人车分流，出租车、急救车进入下沉路段到达负一层接驳处，人流由入口广场进入门诊大厅；另外，医院二期将临近地铁站与医院医疗街通过一条生活街相连。人流与车流在进入院区之前便进行了较好的分流，同时能够做到室外交通到室内交通的无缝衔接。

3）与地下车行接驳

主要车行入口位于正门，车辆直接驶入地下，结合急诊设置集中接驳区，前区供出租车停靠，后区供急救车停靠。使用者可从急诊大厅直接进入医疗街，也可从室外楼梯进入一层广场（图6-10）。

图6-2　门诊大厅
（资料来源：作者自摄）

图6-3　医疗主街
（资料来源：作者自摄）

图6-4　各层门诊收费处
（资料来源：作者自摄）

图6-5　候诊区
（资料来源：作者自摄）

图 6-6 医疗街 一层便利店
（资料来源：作者自摄）

图 6-7 景观绿化区
（资料来源：作者自摄）

图 6-8 临时就餐区
（资料来源：作者自摄）

图 6-10 地下接驳区
（资料来源：作者自摄）

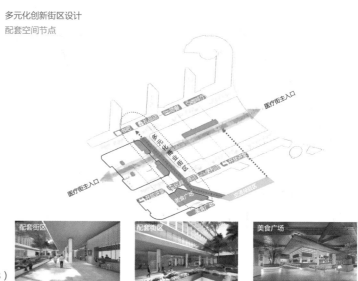

图 6-9 出入口分析图
（资料来源：meng architects）

4）与人行系统接驳

香港大学深圳医院连廊系统较为完善，首先沿建筑外围均设置无风雨连廊；其次，联通辅楼的连廊与医疗街出入口结合，形成主楼与两侧辅楼的无风雨联系；除屋顶的连廊之外，还设置有无障碍的室外连廊，供抵抗力较差的患者，或风雨较大时人们使用（图6-11、图6-12）。

图6-11　无风雨连廊
（资料来源：作者自摄）

5）医患分流

香港大学深圳医院通过同层区分通道的方式进行医患分流，医疗街主要供患者及家属使用，平行于医疗街的医护通廊供医护人员使用，这也是医疗街式医院的普遍趋势。

6）竖向交通数量

院区医疗街主街的垂直交通方式分为两种，一种是沿中庭布置的自动扶梯，另一种便是沿医疗街布置的若干交通核。其中，自动扶梯分别设置在门诊大厅以及中央庭院。核心筒设置8个，左右各4个，间隔4～6个主跨。步行距离适中。

图6-12　封闭式连廊
（资料来源：作者自摄）

3. 空间组织

1）空间层级性

香港大学深圳医院候诊空间结合科室设计，与医疗街之间设置透明隔墙，使两个空间在进行良好分隔的同时，视线通透敞亮，使用者流程为交通空间—候诊区—诊室就诊，空间层次清晰（图6-13）。

图6-13　医疗街与候诊区用透明隔墙区分
（资料来源：作者自摄）

2）空间布局与就诊流程的对应性

医院门诊大厅中央设置导医台，两侧设置挂号、取药柜台，二层以上结合中庭尽端靠近门厅部位设置柜台与自助设施。另外，医疗街两侧设置门诊与医技，缩短了诊疗—检查—复诊的时间，提高了看病效率。此外，一层便利店

图 6-14 节点处医疗街吊顶变换
（资料来源：作者自摄）

等小商店结合中庭休闲空间、临时就餐区设置，更好地满足人们的需求。

3）功能空间的垂直对位关系

香港大学深圳医院医疗街结构清晰，无论是诊室、候诊区，还是交通空间、卫生间等辅助空间，均做到了垂直对位，便于使用者寻找。

4）公共空间意向清晰性

香港大学深圳医院医疗街系统能够较好地表达公共空间意向：首先，门诊大厅—医疗主街—侧廊尺度逐渐变小；其次，与医疗街串联的功能与医疗街均有较为清晰的边界区分，在医疗街靠中庭侧的自动扶梯也通过突出的平台及绿植进行空间界定；最后，值得一提的是在医疗街与辅楼交叉的节点处，医疗街的吊顶变化给予空间变化的提示（图6-14）。医院的交通体系布局网络化，可达性强。

5）交通空间排布

香港大学深圳医院交通空间整体沿医疗街直线布置，自动扶梯平行放置，流线较长，候梯厅垂直于医疗街布置，视线存在一定的盲区；就楼梯间而言，其需要通过候梯厅进入楼梯间，故与乘坐电梯人员有一定的交叉。

4. 寻路导向

1）导航系统

香港大学深圳医院更多使用的是模拟导航法，使用者需要通过记忆寻路，但由于其医疗街结构较为清楚，在城市至院区、院区至单体阶段使用者均能快速找到，但由单体到对应科室，以及使用者应该采取怎样的就诊流程，使用者仍需通过标识进行了解，而模拟导航系统存在图像与空间之间方位的转换，对

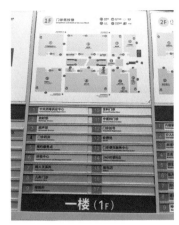

图 6-15　模拟导航系统 1
（资料来源：作者自摄）

图 6-16　模拟导航系统 2
（资料来源：作者自摄）

图 6-17　吊顶标识
（资料来源：作者自摄）

图 6-18　墙面标识
（资料来源：作者自摄）

图 6-19　立牌标识
（资料来源：作者自摄）

使用者仍有认知负担（图 6-15、图 6-16）。

2）标识系统

香港大学深圳医院医疗街的标识系统主要为吊顶标识
与墙面标识两种，吊顶内容较多且字体较小，对于距离较
远或视力较差的使用者具有一定的阅读障碍（图 6-17、图
6-18）。此外，标识使用"医技"等专业化较强的名称，
给使用者带来了一定的理解障碍（图 6-19）。

图 6-20　显示屏设备
（资料来源：作者自摄）

图 6-21　物流系统与消防界面交接
（资料来源：作者自摄）

图 6-22　开敞天窗
（资料来源：作者自摄）

3）人工导医系统

香港大学深圳医院在一层大厅设置导医台，二层以上结合收费、挂号柜台设置便民服务中心，同时部分工作人员则会在自助设施旁辅助使用者使用。由于医院医疗街结构较为清晰，故对于工作人员指路与使用者理解均难度较小。

5. 服务设施

1）智能化系统

智能化设备包括显示屏、查询系统、排队等候系统和挂号收费系统，但无论是排队等候系统还是挂号收费系统、显示屏系统（图6-20），相较于空间尺度来说，都较小。

2）物流传输自动化系统

医院物流系统与医疗街系统结合设置，层高与消防均满足要求（图6-21）。

6.2.3　健康性分析

1. 环境营造

1）声环境

就噪声而言，一方面，医院通过双首层的方式对进入医院的人流进行了一定程度的分流，减少了一定程度上的人员拥挤；另一方面，医疗街顶部局部敞开式设计也一定程度上减轻了混响，减弱了由于人员拥挤所带来的噪声。就隔声而言，医疗街与候诊区分开设置，也为候诊人员提供了安静舒适的环境。

2）光环境

医院医疗街白天均采用天窗进行采光，有效降低能耗（图6-22）；晚上走廊灯光充足，满足行走使用需求。

3）热环境

针对室内热环境，医疗街采用通高且局部开敞式屋顶的设计，形成拔风效应；针对室外热环境，医疗街两侧廊两侧采用横向格栅，在有效遮挡阳光的同时，也不会阻挡通风（图6-23）。

4）空气质量

医疗街屋顶开敞设计有效加快空气流动，且卫生间均采用明卫，通风效果较好。

图 6-23　侧窗横向格栅
（资料来源：作者自摄）

2. 服务设施

1）洗手设备

洗手设备采用传感器型开关水龙头，高度满足能洗手腕的需求，洗手台及墙壁设置了洗手液、消毒液、纸巾盒等必要的设施。

2）材料抗菌

医疗街服务设施均拥有较为简洁的外观，易于清洗、打扫；且材料耐久，至今依然整洁、美观。

6.2.4　安全性分析

1. 功能布局及空间组织

1）安全疏散、防火分区、空间组织

与规范相关的安全性分析更多的是在设计前期使用，对于建成项目本书不展开分析，默认符合相关规范。

2）感染防范

医院整体布局做到了合理分区、分流，医疗街仅供普通患者使用，不存在洁、污交叉，感染与普通患者的流线交叉。

图 6-24　无障碍设计 1
（资料来源：作者自摄）

图 6-25　无障碍设计 2
（资料来源：作者自摄）

图 6-26　自动扶梯水平梯级
（资料来源：作者自摄）

图 6-27　缓冲空间
（资料来源：作者自摄）

2. 服务设施

1）无障碍设计

就水平交通而言，医疗街满足轮椅和推床双向通行，且地面平整、光滑、连续；就垂直交通而言，满足无障碍规范设置；就卫生设施而言，满足无障碍规范设置；但就服务设施而言，柜台、洗手台高度较高，难以满足轮椅使用者的需求（图 6-24、图 6-25）。

2）安全防范设施

医疗街内部扶手设置防撞护角及安全玻璃，在卫生间设置扶手，使用固定式家具，但地面并没有采用防滑材料，下雨天有滑倒的风险，但在阶梯等部位采用防滑材料。

3）防火系统设置

项目设置符合规范与使用需求。

6.2.5　舒适性分析

1. 功能布局

香港大学深圳医院二期将会建立一条生活街与医疗街相连，以满足人们除医疗需求之外的生活需求。

2. 交通组织

1）自动扶梯设计

自动扶梯采用 30° 倾斜角的设计，舒适安全；自动扶梯水平梯级数量为两级，且在扶梯前后设置独立的缓冲空间，使行动不便的患者能够轻松上下扶梯（图 6-26、图 6-27）。

2）电梯设计

电梯较为宽敞且电梯候梯厅结合侧廊设置，既不会影响医疗主街交通又给候梯厅提供了一定的缓冲空间，并且侧廊两侧设置有一定的座椅，可供候梯人员使用（图6-28）。

3）楼梯设计

疏散楼梯满足无障碍相关规范，但医疗街内部并未使用大型楼梯。

3. 空间组织

1）空间尺度对比

大厅、中庭、医疗主街、侧廊等空间尺度级差明显，具有较强的场所感，同时在空间与空间之间的转换节点处，通过节点界面的变化做到空间提示。

2）候诊座椅布置

除个别诊室（如肿瘤中心）候诊区使用围合式沙发布置之外，候诊区候诊座椅大多使用塑料椅，且面向诊室同向平行布置，同时只留出中间走道，两侧同排座椅放置7～8个（图6-29）。

4. 环境营造

1）色彩环境

医疗街整体采用蓝绿色，清爽干净（图6-30）；一层采用黑白棋盘式地砖，使休闲区氛围轻松、愉快（图6-31）。

2）装饰装修

医疗街内部缺少艺术氛围的打造。

3）绿化及景观

除一层中庭设置绿化景观之外，沿主街扶梯放置绿植。

图6-28　电梯候梯厅
（资料来源：作者自摄）

图6-29　候诊座椅
（资料来源：作者自摄）

图6-30　医疗街整体色调
（资料来源：作者自摄）

图6-31　黑白棋盘地砖
（资料来源：作者自摄）

6.2.6 可持续性分析

1. 功能布局
1）医疗街连接下的医院整体性

医疗街模式的香港大学深圳医院交通系统较为完善，各层级间的交通层次清晰，可达性较强，使得医院整体布局呈现较为均衡的网络化，在完整的交通架构下，医院成为一个整体（图6-32）。

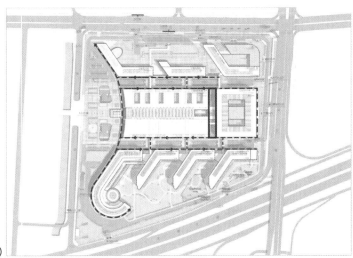

图6-32 流线分析
（资料来源：meng architects）

2）自我拓展端

香港大学深圳医院二期与医疗街的自由端连接，形成拓展与升级。同时，网络化的交通体系使得建筑整体性不会被破坏。

2. 交通组织
1）连续的空间秩序

医疗街空间秩序感、节奏感较强，有较好的场所氛围与可识别性。

2）应对医院拓展的尺寸考虑

医疗街预留尺寸具有一定的局限性，待二期导入，就诊量势必会进一步增加，这对于现有的医疗街空间提出了设计挑战。

3）结构与空间的独立性

香港大学深圳医院医疗街并未在结构层面作出独立性区分，且医技与门诊沿医疗街连续布置，空间独立性较弱，但网络化的交通体系会缓解交通压力。

4）柱网与空间的模块化

医疗街均采用模块化设置，医疗街与候诊区被透明轻质隔墙分隔，但随着内部需求的改变，医疗街空间仍具有一定的灵活度。

3. 环境营造

医疗街内部空间均采用相近色调，为以后的空间拓展及转换提供协调性。

6.3 北方地区——郑州大学第一附属医院（郑东院区）

6.3.1 基本信息

1. 建筑环境

河南省位于中国中东部、黄河中下游地区。郑州市是河南省的政治、经济和文化中心，北面濒临黄河，西面紧邻嵩山，东南部则是宽阔的黄淮平原，属于暖温带大陆性气候，四季分明。

2. 建筑概述（图6-33）

郑州大学第一附属医院是全国规模最大的公立医院，其中郑东新区医院更是被称为"亚洲最大医院"，郑东院区占地345亩，建筑面积78万 m^2，编制3000张床位，病区85个。

图6-33 郑州大学第一附属医院（郑东院区）鸟瞰图

6.3.2 高效性分析

1. 功能布局

1）模式辨识度

与香港大学深圳医院不同，郑州大学第一附属医院（郑东院区）由于其规模较大，采用了"医疗村"+"医疗街"的模式，医疗街将两个门诊单体进行串联，医技、急诊通过辅廊与医疗街连接。针对门诊的医疗街模式辨识度较高，流线也较为简单。但对于连接医技、急诊的流线，从空间感官上辨认较为困难，因此该医院内部安排了大量的导医人员进行辅助。

2）模块独立性

门诊、急诊、医技、住院均通过外廊连接，各功能独立性较强。

3）功能相关性

郑州大学第一附属医院（郑东院区）一共有 67 个科室，门诊一层设置妇产科、儿科；二、三层放置内科；五层设置外科；六层设置耳鼻喉科。

4）交通空间布置

医疗街宽度有三个主跨，由于长度不长，故只在门诊区结合门诊大厅设置了一处手扶梯，电梯与楼梯结合医疗街中间主跨设置，自动扶梯、电梯与楼梯布置位置明显，对交通人流干扰较小（图 6-34、图 6-35）。

5）医疗辅助空间布置

与香港大学深圳医院不同的是，郑州大学第一附属医院（郑东院区）的候诊区主要结合医疗街两侧主跨设置，中间保留一个主跨供行走使用，宽度较宽，故对候诊人群干扰较

图 6-34 自动扶梯
（资料来源：作者自摄）

图 6-35 电梯
（资料来源：作者自摄）

图 6-36 候诊空间
（资料来源：作者自摄）

图 6-37 一层咖啡厅
（资料来源：作者自摄）

图 6-38 读书角
（资料来源：作者自摄）

图 6-39 医疗街与地下车库的衔接
（资料来源：作者自摄）

小。各层收费窗口同样结合两侧柱跨设置，高峰时期对于交通空间存在一定的干扰（图 6-36）。

6）非医疗辅助空间布置

郑州大学第一附属医院（郑东院区）的非医疗辅助空间并不多，在一层设置了咖啡厅，结合医疗街两侧的座椅设置自动贩卖机与充电宝，非医疗辅助空间相对欠缺（图 6-37）。

7）聚合性休闲空间布局

医疗街内部除六层结合曲面外墙设置了一个读书角以外，并没有其他聚集性休闲空间，且读书角并没有得到很好的使用。医疗街由于没有设置通高空间，导致室内并没有景观绿化的设置（图 6-38）。

2. 交通流线

1）医疗街出入口

郑州大学第一附属医院（郑东院区）采用了"医疗村"+"医疗街"的模式，故医疗街只在门诊及门诊东区两栋单体使用，两栋单体相互独立，故一层设置了 4 个主要入口，人员得到分流。

2）医疗街与外部交通系统衔接

院区沿主路设置了两个出入口，分别是东面结合轻轨站点与公交车站的门急诊入口、结合住院疗养的车行出入口。与医疗街关联的是东侧入口。东侧入口结合圆形广场将车行以及通过公交、轻轨等来到院区的步行人群快速导入门诊大厅。大量出租车停留于该入口，造成一定的拥堵。

3）与地下车行系统接驳

自驾车通过中央入口进入地下二层车库，车库连通门诊交通核，直达医疗街，医疗街与地下车库衔接不够紧密（图 6-39）。

4）与人行系统接驳

建筑室外无风雨连廊并不连贯。

5）医患分流

郑州大学第一附属医院（郑东院区）同样通过同层区分通道的方式进行医患分流，医疗街主要供患者及家属使用，平行于医疗街的医护通廊供医护人员使用。

6）竖向交通数量

医疗街长度并不算长，故自动扶梯只布置于门诊大厅中，竖向交通以楼梯与电梯组成的交通核为主，交通核设置于医疗街中间跨，交通核之间的距离大约控制在 5 个柱跨内（柱跨为 8.4m），大约 40m，距离较长。

图 6-40　医疗街空间分区
（资料来源：作者自摄）

3. 空间组织

1）空间层级性

郑州大学第一附属医院（郑东院区）候诊区结合医疗街两侧主跨设置，患者由交通空间进入候诊空间候诊，再进入诊室就诊，空间层次清晰。虽然存在一定程度上视线及噪声的干扰，但对外敞开的候诊区可以较好地调节候诊人员的聚集程度（图 6-40）。

2）空间布局与就诊流程的对应性

与香港大学深圳医院相似，郑州大学第一附属医院（郑东院区）在一层集中设置了挂号、取药柜台及自助设施，二层及以上固定区域设置少量柜台与自助设施，供每层使用者就近使用。但医技与门诊二者相对独立。

3）功能空间的垂直对位关系

医疗街结构清晰，无论是诊室、候诊区，还是交通空间、卫生间等辅助空间，均做到了垂直对位，便于使用者寻找。

图 6-41　开水间
（资料来源：作者自摄）

图 6-42　外廊
（资料来源：作者自摄）

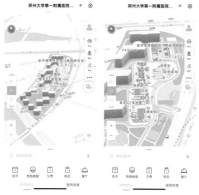

图 6-43　导航系统
（资料来源：手机截图）

4）公共空间意向清晰性

入口大厅—医疗主街—侧廊尺度逐渐变小，尺度与空间属性相对应；自动扶梯、楼梯与电梯组成交通核放置于医疗街中央，交通核一侧设置卫生间，卫生间与开水房（图6-41）同样成团设置；医技与门诊串联的公共交通系统仅靠二、三层外廊（图6-42），因此空间可达性并不是很好。

5）交通空间排布

郑州大学第一附属医院（郑东院区）医疗街呈直线布置且流线较短，两端分别设置一组入口（门诊及门诊北区各两个入口），故竖向交通空间使用较为平衡。自动扶梯交叉排布且头尾相连，流线便捷；电梯候梯厅平行于医疗街设置，保持使用交通核的视线通达性与人员畅通性，且候梯空间可结合医疗街扩大使用，较为宽敞；楼梯间需要通过候梯厅进入，故与乘坐电梯人员有一定的交叉。

4. 寻路导向

1）导航系统

郑州大学第一附属医院（郑东院区）引入模拟导航与手机小程序导航两种模式，医疗街内部使用模拟导航较为清晰直观，但对于建筑之间的交通系统来说，光靠模拟导航对首次到医院的使用者存在较大的记忆负担。手机小程序的运用不仅能够准确反映使用者的准确位置、各层功能，还能对路线进行规划，同时小程序能够做到从城市—院区—诊区的流畅衔接，做到系统化导航（图6-43）。

2）标识系统

郑州大学第一附属医院（郑东院区）医疗街的标识系统主要为吊顶标识与墙面标识两种，吊顶内容较多且字体较小，对于距离较远或视力较差的使用者具有一定的阅读障碍（图6-44、图6-45）。

3）人工导医系统

郑州大学第一附属医院（郑东院区）在每层的交通节点均配置工作人员，使用者能够随时找到工作人员进行寻路，有效提高了使用者的就诊效率，但增加了人力成本。

图 6-44　吊顶标识
（资料来源：作者自摄）

5. 服务设施

1）智能化系统

排队等候系统和挂号收费系统、显示屏系统，相较于空间尺度来说较为合适（图6-46）。

2）物流传输自动化系统

医院物流系统与医疗街系统结合设置，层高与消防均满足要求（图6-47）。

图 6-45　墙面标识
（资料来源：作者自摄）

6.3.3　健康性分析

1. 环境营造

1）声环境

医院门诊多入口的设计使得人群能够在建筑外侧予以分流，避免人员密集，但由于候诊区结合医疗街设计，使得医疗街整体较为嘈杂。

图 6-46　显示屏设备
（资料来源：作者自摄）

2）光环境

医疗街除两尽端及门诊与门诊北侧之间开侧窗以外，均采用人工采光，能耗较大（图6-48、图6-49）；串联门诊与医技等单体的外廊白天则通过外窗采光。

图 6-47　物流系统与防火分区交接
（资料来源：作者自摄）

图 6-48　人工采光
（资料来源：作者自摄）

图 6-49　侧窗采光
（资料来源：作者自摄）

图 6-50　外廊横条格栅
（资料来源：作者自摄）

图 6-51　洗手设备
（资料来源：作者自摄）

3）热环境

医疗街开窗较少，室内热环境靠空调调节，气温较为舒适，串联门诊与医技等单体的外廊采用条形格栅窗通风，夏季温度较高（图6-50）。

4）空气质量

医疗街因开窗较少且并没有设置通高空间，故空气流通性一般；卫生间均采用明卫，能有效通风。

2. 服务设施
1）洗手设备

洗手设备采用传感器型开关水龙头，但洗手台高度较矮，难以洗到手臂；洗手台及墙壁设置了洗手液、消毒液、纸巾盒等必要的设施（图6-51）。

2）材料抗菌

医疗街服务设施均拥有较为简洁的外观，易于清洗、打扫，且材料耐久。

6.3.4　安全性分析

1. 功能布局、空间组织
1）安全疏散与防火分区

与规范相关的安全性分析更多的是在设计前期使用，对于建成项目本书将不展开分析，默认符合相关规范。

2）感染防范

医院整体布局做到合理分区、分流，医疗街主街仅供普通患者使用，不存在洁污交叉、感染患者与普通患者的流线交叉。

2. 服务设施

1）无障碍设计

医疗街设置满足无障碍规范，且满足轮椅和推床双向通行要求，地面平整、光滑、连续；卫生间柜台、洗手台高度较矮，考虑到轮椅使用者的使用需求。

2）安全防范设施

医疗街内部扶手设置防撞护角及较高的安全玻璃，但在卫生间并没有设置扶手；使用固定式家具，但地面并没有采用防滑材料，下雨天有滑倒的风险。

图 6-52　自动扶梯
（资料来源：作者自摄）

6.3.5　舒适性分析

1. 功能布局

郑州大学第一附属医院（郑东院区）医疗街内部配套及休闲空间较少，只有一层咖啡厅及六层读书角，未能满足使用者除医疗服务之外的需求。

2. 交通组织

1）自动扶梯设计

郑州大学第一附属医院（郑东院区）自动扶梯同样采用30°倾斜角的设计，舒适且安全；自动扶梯水平梯级数量为三级，缓冲空间较大，使行动不便的患者能够轻松上下扶梯（图6-52）。

2）电梯设计

电梯与楼梯结合医疗街中间柱跨进行设置，候梯厅平行于医疗街前后打开布置，宽敞的医疗街为候梯厅提供了一定

图6-53 电梯设计
（资料来源：作者自摄）

图6-54 候诊座椅布置
（资料来源：作者自摄）

图6-55 室内环境配色
（资料来源：作者自摄）

的缓冲空间，且医疗街两侧设置的候诊座椅，可供候梯人员使用（图6-53）。

3）楼梯设计

郑州大学第一附属医院（郑东院区）疏散楼梯满足无障碍相关规范要求，但医疗街内部并未使用大型楼梯。

3. 空间组织

1）空间尺度对比

大厅与医疗主街空间尺度对比明显，但医疗街与通向医技楼的街道尺度对比不明显，且路线较为复杂，使用者容易在门诊与医技转换时迷失方向。

2）候诊座椅布置

候诊区候诊座椅大多使用塑料椅，且面向诊室同向平行布置，同排座椅均三个一组，舒适度与私密性较高（图6-54）。

4. 环境营造

1）色彩环境

医疗街整体采用暖色调，暖色石材配上木色吊顶，给人以温暖的感觉，采用深绿色作为座椅和交通核的外墙颜色（图6-55）。

2）装饰装修

医疗街内部缺少艺术氛围的打造。

3）绿化及景观

医疗街内部缺少景观绿化的打造。

6.3.6 可持续性分析

1. 功能布局

1）医疗街连接下的医院整体性

就诊疗街串联的门诊及门诊北区而言，其具有较强的整体性，但门诊、急诊、医技的串联度较低，交通由于规模大也较为复杂，故医院的整体性相对较弱（图6-56）。

2）自我拓展端

医疗街两端为自由端，具有一定的调整与拓展余地。

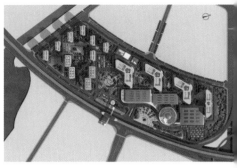

图6-56 郑州大学第一附属医院总图

2. 交通组织

1）连续的空间秩序

医疗街空间秩序感、节奏感较强。

2）应对医院拓展的尺寸考虑

医疗街有三个柱跨且与候诊区结合两侧柱跨设置，空间尺度较大。

3）结构与空间的独立性

医院医疗街并未在结构层面作出独立性区分，门诊科室沿医疗街连续布置，空间独立性较弱，但医技、门诊、急诊及住院独栋布置，提升了功能之间的独立性。

4）柱网与空间的模块化

医疗街均采用模块化设置，候诊区结合医疗街两侧柱跨设置，医疗街空间灵活度较高。

3. 环境营造

医疗街内部空间均采用相近色调，为以后的空间拓展及转换提供了协调性。

6.4 长三角地区——浙江大学医学院附属第一人民医院余杭院区

6.4.1 基本信息

1. 建筑环境

杭州作为浙江省的副省级市和特大城市，也是杭州都市圈的核心城市，是国务院批准的浙江省经济、文化、科教中心，以及长江三角洲的重要城市之一。至2021年为止，杭州拥有10个市辖区、2个县、1个代管的县级市，总面积达到16850km^2，常住人口达到1220.4万，其中城镇人口达到1020.3万，城镇化率达到83.6%。杭州的气候特征是夏热冬冷，这使得当地居民既需要在冬季采暖，也需要在夏季制冷降温。

2. 建筑概述（图6-57）

图6-57 浙江大学医学院附属第一人民医院余杭院区鸟瞰图

浙江大学医学院附属第一人民医院共有 4 个院区及 2 个科研基地，分别为余杭总部一期、庆春院区、之江院区、城站院区、大学路科教基地和钱塘转化基地。本书选取的案例为余杭总部，占地面积 202 亩，总建筑面积 30.65 万 m²，开放床位 1500 张，设计日门诊量 8000 人次，一期于 2020 年正式启用。

6.4.2 高效性分析

1. 功能布局

1）模式辨识度

浙江大学医学院附属第一人民医院余杭院区（以下简称"浙一余院"）分两期建成，现投入使用的为一期，院区一、二期组团围绕核心景观呈中心式对称布置。两组团内部均采用以医疗街为核心的街区式布局模式。医疗街沿南北向放置，门诊各科室设置于医疗街西侧，并沿街展开布置，医技部则集中放置于医疗街东北侧，与门诊共享医疗街。医疗街共四楼，垂直于医疗街布置五栋南北向板楼，分别为一栋培训中心、两栋住院楼、一栋 VIP 医院及一栋专家公寓，其中住院楼布置于医技与门诊上空。

浙一余院取消了大尺度的门诊大厅空间，人流从入口进入医疗街后直接分流，医疗街结构较为清晰，辨识度较强。

2）模块独立性

浙一余院门诊、医技与住院楼采用上下叠加的方式，区域独立性会受到一定影响；但就诊疗街串联的门诊与医技本身来说呈现组团式布局，两个科室之间均通过候诊区进行分割，模块之间具有较强的独立性。

3）功能相关性

浙一余院医疗街一层包含 6 个部分，以门诊、急诊、综合服务为主；二层包含 5 个部分，分别为中医、眼科、心血管科、神经科与医技；三层包含 6 个部分，以妇科、产科、儿科、外科、耳鼻喉科为主；四层为输血科、药房及供应中心等配套功能；五层及以上为住院部。布局做到相关功能同层布置，结合住院放置在医疗街上部的特点，底层与顶层两极设置重要科室，方便使用者到达。

图6-58 自动扶梯
（资料来源：作者自摄）

图6-59 电梯
（资料来源：作者自摄）

图6-60 候诊厅
（资料来源：作者自摄）

图6-61 存包区
（资料来源：作者自摄）

4）交通空间布局

医疗街取消传统的门诊大厅，街道沿横向展开，街道中央设置通高中庭，自动扶梯结合中庭布置于医疗街两端，南侧设置一组，北侧设置两组；电梯布置于街道东侧，楼梯与电梯就近放置，但入口并不与候梯厅结合。自动扶梯、电梯与楼梯布置位置明显，逻辑清晰且对交通人流干扰较小（图6-58、图6-59）。

5）医疗辅助空间布局

浙一余院的候诊区主要布置于科室组团与组团之间，形成沿医疗街对称的候诊厅，此外少量科室还会将候诊区布置一部分在医疗街上，候诊厅并未被单独隔离，而是被当作医疗街的节点空间延伸出去，布局清晰规律、位置明显；其次，询问、挂号等自主设备或柜台与候诊区结合布置，简洁高效且不会对医疗街的交通流线造成干扰（图6-60）。

6）非医疗辅助空间布局

浙一余院医疗街当中的非医疗辅助空间除一层的超市外，便是在每层设置自动贩卖机、充电宝等辅助性设施，满足人们非医疗辅助服务的空间较少，但其在一层设置有存包区，这是前面两个案例所没有的，有效减轻患者及家属负担（图6-61）。

7）聚合性休闲空间布局

浙一余院医疗街当中的聚合性休闲空间较为稀缺，且空间内部也缺少景观绿化的设置，但医疗街两侧及候诊区均可以眺望到良好的庭院景观。

2. 交通流线

1）医疗街出入口

与香港大学深圳医院这样传统的医疗街不同，香港大学深圳医院人流通过门诊大厅引入且医疗街方向与人流进入方向一致，而浙大余院取消了大尺度的门诊大厅且采用了与人流进入方向垂直的医疗街模式，人们可以从多个入口进入，且进入之后便快速向两侧分流，最大限度地缓解人员聚集和人员分布不均的问题（图6-62）。

2）医疗街与外部交通系统衔接

场地分别在南面、东面、北面三面设置人车入口，人们可以从多个入口进入院区，再从多个入口进入到医疗街当中；外部车辆通过地下车库出入口进入地下室，再乘坐竖向交通到达医疗街内部。人流与车流在进入院区之后虽然得到分流，但对于自驾或乘坐出租车的人群来说，交通衔接和转换与双首层的设计相比来说并不是十分便捷。

（1）与地下车行接驳

外部车辆入口位于东侧正门，车辆进入院区再通过地下

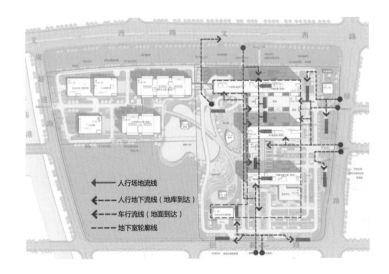

图6-62　多入口设计

图 6-63　候诊廊 1
（资料来源：作者自摄）

图 6-64　候诊廊 2
（资料来源：作者自摄）

图 6-65　综合服务中心
（资料来源：作者自摄）

图 6-66　入院服务中心
（资料来源：作者自摄）

车库出入口进入地下车库，使用者再通过乘坐竖向交通到达一层医疗街，医疗街与地下车库衔接性较差。

（2）与人行系统接驳

建筑外围无风雨连廊且不连续，室外人行无风雨系统且不连贯。

（3）医患分流

与前面两个案例相似，浙一余院采用同层区分通道的方式进行医患分流，医疗街主要供患者及家属使用，平行于医疗街的医护通廊供医护人员使用。

（4）竖向交通数量

浙一余院医疗街两端设置自动扶梯，共三组六个；扶梯中间设置电梯与楼梯共 4 组。自动扶梯与电梯之间距离约 3 个柱跨，约 30m，距离合适。

3. 空间组织

1）空间层级性

科室组团通过医疗街进行串联，组团之间设置候诊区，组团内部设置候诊廊，使用者流程为交通空间—候诊区—候诊廊—诊室，空间层次清晰。候诊区、候诊廊（图 6-63、图 6-64）空间相对独立且视线贯通，空间之间干扰性较小。

2）空间布局与就诊流程的对应性

浙一余院医疗街一层设置了综合服务中心（图 6-65）、入院服务中心（图 6-66）、结算中心等，为来到或即将离开医院的患者服务；门诊与医技对应放置于医疗街两侧，有效提高了看病效率；此外，与前面两个案例不同的是，柜台服务与自助设施不再独立成区，而是结合每个科室的候诊区设置，更贴合就诊流程。

3）功能空间的垂直对位关系

浙一余院医疗街结构清晰，无论是诊室、候诊区，交通空间，还是卫生间等辅助空间均做到了垂直对位，便于使用者寻找。

4）公共空间意向清晰性

浙一余院医疗街系统能够较好地表达公共空间意向：首先，医疗主街-候诊区-诊室尺度逐渐变小；其次，与医疗街串联的功能与医疗街均有较为清晰的边界区分，候诊区虽然被医疗街一分为二，但相同颜色与材质的墙面分割与吊顶使人走在医疗街上就能清晰地感知到两侧空间的变化（图6-67）；最后，医院的交通体系呈现网络化，可达性较强。

图6-67　清晰的空间区分
（资料来源：作者自摄）

5）交通空间排布

浙一余院交通空间整体沿医疗街直线布置，且多入口的设置缓解了交通空间使用不均的问题。自动扶梯两个一组，一上一下，头尾相连放置，非常高效便捷（图6-68）；就电梯排布而言，候梯厅垂直于医疗街布置，视线存在一定的盲区，但空间较大；就楼梯间而言，其不再需要通过候梯厅进入，而是可以通过医疗街直接进入，有效避免了流线交叉。

图6-68　自动扶梯
（资料来源：作者自摄）

4. 寻路导向

1）导航系统

浙一余院主要使用手机程序导航，由于医院医疗街结构较为清楚，且住院与门诊、医技采用了上下叠加的方式布置，故从城市—院区、院区—单体阶段使用者寻路难度并不大，但由单体到对应科室，以及使用者应该采取怎样的就诊流程，则需要通过手机程序导航、标识或者人工进行了解。浙一余院手机程序导航存在问题较多：缺少对每层功能的菜单式列举，需要与标识系统结合使用；缺少对就诊流程的规划与指

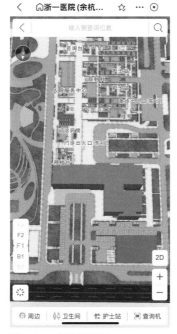

图6-69 小程序导航1
（资料来源：手机截图）

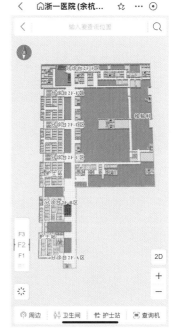

图6-70 小程序导航2
（资料来源：手机截图）

引；缺少由城市到院区再到诊室的导航联系（图6-69、图6-70），老年人难以操作。

2）标识系统

浙一余院医疗街的标识系统主要为吊顶标识与墙面标识两种，但与前两个案例不同的是，其每一层被分为了5～6个区，分别用大写字母区分，区域的具体功能被贴到了近人尺度的墙面，而吊顶换成了醒目且简单的大写字母，降低了使用者的阅读难度（图6-71、图6-72）；此外，墙面辨识除平行展示之外还增加了垂直展示的方式，让人行走于医疗街便可以清晰地看到对应功能（图6-73）。

3）人工导医系统

一层大厅设置导医台，二层以上结合候诊区设置服务柜台，同时工作人员则会在自助设施旁辅助使用者使用。由于

图 6-71 吊顶标识
（资料来源：作者自摄）

图 6-72 墙面标识
（资料来源：作者自摄）

图 6-73 垂直展示
（资料来源：作者自摄）

图 6-74 显示屏设置
（资料来源：作者自摄）

医疗街结构较为简单，故对于工作人员指路与使用者理解难度较小。此外，每一层的候诊区吊顶与墙面的颜色及编号均不同，给人工导医降低了指路难度。

5.服务设施

1）智能化系统

关键节点的显示屏系统正附于墙布置，科普宣传类显示屏均依据人身高布置，方便使用者阅读；排队等候系统和挂号收费系统显示屏也依据等候区座椅多面布置（图6-74）。

2）物流传输自动化系统

医院物流系统结合医疗街设置，层高与消防均满足要求。

图 6-75　天窗设置
（资料来源：作者自摄）

图 6-76　侧窗设置
（资料来源：作者自摄）

图 6-77　洗手设施
（资料来源：作者自摄）

6.4.3　健康性分析

1. 环境营造

1）声环境

医疗街多入口的设计使得人群能够在建筑外侧予以分流，避免人员聚集，且候诊区与医疗街相对独立，有效隔绝医疗街噪声。

2）光环境

医疗街通过设置天窗获得自然采光，且其两侧及候诊区均设置侧窗，使医疗街光线更加充足，有效降低能耗；晚上走廊灯光充足，满足行走使用需求（图6-75）。

3）热环境

室内热环境靠空调及自然通风共同调节，气温较为舒适。

4）空气质量

医疗街屋顶部天窗与侧窗有效加快空气流动，且卫生间均采用明卫，有效通风（图6-76）。

2. 服务设施

1）洗手设备

洗手设备采用传感器型开关水龙头，高度能满足洗手腕的需求，洗手台及墙壁设置了洗手液、消毒液、纸巾盒等必要的设施（图6-77）。

2）材料抗菌

医疗街服务设施拥有较为简洁的外观，易于清洗、打扫；且材料耐久，至今依然整洁、美观。

6.4.4　安全性分析

1. 功能布局及空间组织

1）安全疏散及防火分区

安全疏散及防火分区均满足规范及项目需求。

2）感染防范

医院整体布局做到合理分区、分流，医疗街主街仅供普通患者使用，不存在洁污交叉、感染患者与普通患者的流线交叉。

2. 服务设施

1）无障碍设计

医疗街满足轮椅和推床双向通行，且地面平整、光滑、连续，垂直交通、卫生设施均满足无障碍规范设置，柜台、洗手台高度适中，可以满足轮椅使用者的需求（图6-78、图6-79）。

2）安全防范设施

医疗街内部扶手设置防撞护角及安全玻璃，在卫生间设置扶手，使用固定式家具，且地面采用防滑材料，扶梯上下设置防滑条，有效防止人群摔倒。

3）防火系统设置

防火系统均满足规范及项目需求。

6.4.5　舒适性分析

1. 功能布局

医疗街内部非医疗服务功能空间较少，但在医疗街主入口一侧设置钢琴演奏，有效缓解使用者进入医院时的焦虑与紧张（图6-80）。

图 6-78　无障碍卫生间
（资料来源：作者自摄）

图 6-79　无障碍设施
（资料来源：作者自摄）

图 6-80　室内钢琴演奏区
（资料来源：作者自摄）

图 6-81　自动扶梯
（资料来源：作者自摄）

图 6-82　电梯
（资料来源：作者自摄）

图 6-83　候诊座椅设计
（资料来源：作者自摄）

图 6-84　室内暖色搭配
（资料来源：作者自摄）

2. 交通路线

1）自动扶梯设计

自动扶梯采用 30° 倾斜角的设计，舒适且安全；自动扶梯水平梯级数量为三级，且在扶梯前后设置独立的缓冲空间，使行动不便的患者能够轻松上下扶梯（图 6-81）。

2）电梯设计

电梯候梯厅较为宽敞，且为两个一组，不会导致使用者因电梯排布过长而导致错过电梯的情况发生，但附近没有设置座椅供候梯人员使用（图 6-82）。

3）楼梯设计

疏散楼梯满足无障碍相关规范。

3. 空间组织

1）空间尺度对比

医疗主街、候诊区等空间尺度对比明显，在空间转换节点处，通过节点界面的变化做到空间提示，避免使用者错过目标。

2）候诊座椅布置

每个诊室根据自身就诊人数及科室排布方式布置候诊座椅，且结合墙面进行多面布置，避免距离屏幕过远；但由于候诊区空间有限，候诊座椅难以做到三个一组的组合方式（图6-83）。

4. 环境营造

1）色彩环境

浙一余院医疗街的色彩系统更加丰富，整体采用暖调配色，配合木质材料给人以温暖的感觉（图 6-84）。但每个组团均采用饱和度较低的色彩，丰富空间的同时给人以强烈的辨识性（图6-85）；此外，外立面砖色与白色的运用延伸到室内，形成一体化设计。

2）装饰装修

医疗街墙面间隔设置不同主题的绘画，色彩丰富，内容积极向上，充满活力（图6-86）。同时，服务设施与墙面一体化设计，使得医疗街交通界面更为干净、整洁（图6-87）。

3）绿化及景观

医疗街内部景观绿化较少。

6.4.6 可持续性分析

1. 功能布局

1）医疗街连接下的医院整体性

医疗街将地面空间与地下空间、门诊、医技、住院三大部门均通过竖向交通连接为一个整体，可达性较强（图6-88）。

图6-85 低饱和度跳色
（资料来源：作者自摄）

图6-86 主题绘画
（资料来源：作者自摄）

图6-87 服务设施与墙面一体化设计
（资料来源：作者自摄）

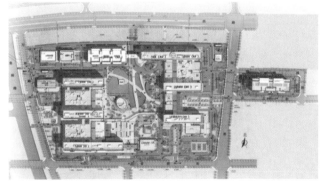

图6-88 医疗街总图

2）自我拓展端

"一"字展开的医疗街留出接口与二期进行了串联，使得一期、二期自成系统但又能相互联系。

2. 空间组织

1）连续的空间秩序

医疗街空间秩序感、节奏感较强，能够较好地适应空间的动态变化。

2）应对医院拓展的尺寸考虑

医疗街预留尺寸具有一定的局限性，就诊量提升会对现有的医疗街空间提出挑战。

3）结构与空间的独立性

医疗街并未在结构层面作出独立性区分，且医技与门诊沿医疗街连续布置，住院又与门诊、医技上下布置，空间独立性较弱。

4）柱网与空间的模块化

医疗街均采用模块化设置，医疗街与候诊区被轻质隔墙分隔，随着内部需求的改变，医疗街空间仍具有一定的灵活度。

3. 环境营造

医疗街内部空间均采用相近色调与陈设，为以后的空间拓展及转换提供了一致性可能，保证了室内的统一性。

7

综合医院医疗街评价体系的建立

7.1 医院建筑评估理论研究

7.1.1 建筑使用后评估的基本概述

1. 缘起与发展
1) POE 的缘起

POE 自 20 世纪初期开始在建筑领域萌芽，当时其旨在探索建筑设计如何有助于经济增长。1927 年，美国芝加哥附近的西部电力公司进行了一项关于光环境与生产率之间关系的研究，结果表明空间的变化会对人们的思维和行为产生重大影响。

POE 真正地兴起可以追溯到第二次世界大战之后，欧洲迅猛发展的建筑业给欧洲各国政府带来了极大的压力，英国皇家建筑师学会（RIBA）也开始关注建筑设计的服务质量和生产效率，在一份名为《建筑师和他的工作室》的研究报告中写道，建筑师们应该重视收集有关建筑的信息和经验，以此来提高建筑的质量，避免建筑失败的发生；应采取有效措施，在建筑设计和施工方面取得成功。通过从技术研究和使用者角度出发，本研究报告详细分析了建筑环境的相关信息，为未来的建筑设计提供了重要参考，从而为 POE 的发展提供了重要的理论基础。1956 年，RIBA 发行了第一本关于建筑师的指南，工作的最后一部分被命名为"反馈"阶段。自 1960 年以来，随着全球社会文化的演变以及心理学、社会学、环境科学等学科的进步，POE 的研究也取得了长足的进步。

2）POE 的发展

可以看到 POE 的发展始于 20 世纪 60 年代，随后在 70 年代达到了顶峰，80 年代 POE 被广泛应用于建筑设计，并被认定为是建筑设计必不可少的组成部分。POE 在长时间的发展过程中逐渐走向成熟，不仅收集丰富的实践经验，而且建立起完善的评估标准，涵盖的领域也越来越广泛，甚至出现了专门的研发机构，使得 POE 在西方得以规范化、市场化。

国内 POE 自 20 世纪 80 年代之后也逐渐兴起，并受到环境心理学和环境行为学等学科以及西方 POE 研究发展思潮的影响与推动。我国 POE 研究取得了一定的成果，但仍有待于进一步深入探索以及实践案例的研究。POE 在中国地产行业的变化时期迎来了一个重要的转折点，在这个转变时期，中国的建筑业经历了野蛮化发展，市场缺乏有效的监管机制，导致很多项目的质量并不理想。为了有效提高国内建筑项目的品质，POE 研究者们不断探索新的方法，通过新技术的引进和项目效率的提高，同时遵循"回访"的原则，来更好地满足中国国情。目前，吴硕贤[1]、庄惟敏[2]等学者作为 POE 研究的先驱，积极探索并将其应用到实际案例中，不断改进和完善相关的理论方法，从而促进了 POE 的发展。

2. 定义与作用

1）POE 的定义

POE 为"Post Occupancy Evaluation"的英文缩写，意为使用后评估。不论是在中文还是英文中，人们都可以根据自己研究的视角来描述这个概念。其中，国外 POE 的定义以学者如沃尔夫冈·普莱塞[3]、弗里德曼和英国皇家建筑

[1]　吴硕贤，1947 年 5 月生于福建泉州。中国培养的第一位建筑界与声学界博士，建筑技术科学专家，中国科学院院士，华南理工大学建筑学院教授、博士生导师，建筑技术科学研究所所长。
[2]　庄惟敏，1962 年 10 月出生于上海。中国工程院院士，全国工程勘察设计大师，梁思成建筑奖获得者，国家一级注册建筑师。曾任清华大学建筑学院院长（2013—2020年），现任清华大学建筑设计研究院院长、总建筑师，清华大学建筑学院教授、博士生导师。
[3]　美国 POE 领域核心人物，在其著作《Post-Occupancy Evaluation》（使用后评估）中定义：POE 是在建筑建造和使用一段时间后，对建筑进行系统的严格评价过程，POE 主要关注建筑使用者的需求、建筑的设计成败和建成后建筑的性能。

师学会（RIRB）最具代表性。在《使用后评估在中国》一书中，庄惟敏提出了"前策划-后评估"的闭环系统，并将其作为 POE 概念的界定。POE 的核心目标是评估建筑设计任务书的完成情况，并通过"前策划-后评估"的系统化管理，以提升任务书的科学性、完整性和可持续性。

2）POE 的作用

在沃尔夫冈·普莱塞的著作《Post-Occupancy Evaluation》（使用后评估）中，后评估理论的应用价值被深入探讨，作者认为其可以帮助我们更好地识别、预测、调整、改善建筑的使用情况，从而更好地满足不同的使用需求，进而提高建筑的可持续性、安全性、可操作性，最终达到更好的效果。

同样地，庄惟敏在《使用后评估在中国》中提到，POE 可以帮助我们更好地了解大型公共建筑，一方面其可以将建成建筑实际情况与任务书进行对比，判断建筑设计任务书的有效性与不合理性；另一方面可以基于建成环境的全面评价，从而生成更加合理的任务书。

3. 特点与原则
1）POE 的特点
（1）综合性

强调跨学科的融合。通过全面考量社会、心理、环境、技术、工程、人口特征等多种复杂因素，结合各学科的知识，如人文学、心理学、社会学、数学、统计学、建筑学、城市规划学等，来实现对建设项目及其周边环境的全面评估。

（2）客观性

强调数据来源的客观性。通过合理的数据收集方法（如观察、访谈和拍照）来实现对建筑使用情况的评估。这样可以避免"纸上谈兵"中的主观经验设计方法，并使信息来源更加可靠和科学，为决策提供重要的参考价值。

（3）科学性

强调工作流程与管理机制的科学性。通过精细的数据处理技术，以有效地收集、整合、分析建设项目的相关信息，从而获得更加客观、准确的评估结果。

（4）实用性

强调评估结果的实用性。通过对建筑设计的预期与实际情况进行比较分析，以及对设计任务书的执行情况进行检查与反馈，以确定建筑设计能够满足使用者的需求，从而获得具有实用价值的评估结果，为后续建筑设计提供科学合理的依据，从而提高建筑设计的质量。

2）POE 的原则

（1）信息的客观性

在收集建筑评估信息时，应该从使用者的角度出发，确保所获得的信息具有客观性，并且全面考量建筑的实际使用效果，以弥补设计初期任务书中没有考虑的因素。

（2）数据的准确性

通过将定性和定量研究相结合，重视采用定量方法收集和分析数据，以确保评估结果的科学性和准确性，并为建筑设计中的空间指标提供科学合理的修正建议。

（3）成果的反馈性

应从建筑设计的整个生命周期中获取反馈，并将其应用于下一个任务书阶段，以有效地预防和避免类似的设计失误，进而提高建筑设计的质量，实现从直线到循环的转换。

7.1.2　现有建筑后评估研究梳理

1. 国外建筑评估方法

随着建筑评价领域的不断发展，针对医疗建筑的评价工具也层出不穷，最具有代表性的是英国建筑研究院环境评估方法（Building Research Establishment

Environmental Assessment Method, BREEAM），其第一版于 1990 年面世，这标志着建筑评估领域的一个里程碑，它的成熟度和普及度在全球范围内迅速攀升，使得建筑环境评估方法的数量也在不断增加。其他还有美国的 LEED、德国的 DGNB、日本的 CASBEE、澳大利亚的 NABERS 以及印度的 TGBRS 等，但目前为止只有少数版本被世界各地采用，英国的 BREEAM 和美国的 LEED 可以看作是世界不同国家和地区引入建筑评估方法的基础。

这些建筑环境评估方法将不同的建筑与建筑群划分等级，并进行排序。主要的参考标准是类似建筑中环境性能、建造方法与最终目标的相似性。多数系统中，每个指标被赋予一个分值区间，使用者需要给出一个确切的分数。为了获得市场认可和相关认证证书，获得推广机会并满足绿色建筑政策要求，使用者通常需要付费使用这些系统。

然而，这些建筑环境评估方法，对于研究人员评估方法的客观性和基础证据的客观性是一种挑战。Hompio 与 Vitariemi 于 2003 年提出，很难针对这些方法和工具提出一种可行的比较方式。这些工具用于评估不同类型的建筑物，强调全生命周期的不同阶段，除了环境方面，可持续建筑还包括经济和社会方面。因此，评估系统需要全面涵盖可持续设计中所强调的环境、经济和社会问题，进而评估建筑的影响，并适用于建筑之外的、更广泛的范围，包括诸如选址、交通、规划设计、水资源利用以及相关的生命周期分析等特征。同时，在制定"全生命周期"策略时，还包含了建筑物生命周期内的资源优化利用及垃圾废物的减少利用，这意味着要收集全生命周期内成本核算的证据，并预计在连续维护中资源的使用情况，以及后续建筑物及其组件的再利用或回收情况。在建筑评估体系下，对各个项目的评分大多停留在主观层面，对于项目客观评价的需求也就越来越强烈。

值得注意的是，不当的使用会使建筑评估系统失去意义。例如，一味地"追求得分"——即在不考虑环境效益的情况下，在评估系统中以最低的成本寻求最多分数。因此，在较为成熟的 2.2 版 LEED 系统中，对既有建筑进行再利用（成本较高）可得一分，同时使用低挥发性材料也可以得一分（相对便宜很多）。

2. 国内建筑评估方法

1）以吴硕贤团队为代表的研究

（1）成果概述

自 1980 年代起吴硕贤团队便开始深入研究 POE，他将其运用并推广至医疗建成环境的评估中。在 1990—1993 年期间，为了更好地评估医疗生活和环境质量，吴硕贤团队开始将使用者的主观评价作为研究的核心，结合统计分析法、层次分析法和模糊数学方法等方式，对多个城市的小区进行综合评价。

在吴硕贤的带领下，以"建成环境使用后评价"为中心的研究队伍逐渐形成，他们为 POE 研究的发展作出了重要贡献，其中朱小雷在《建成环境主观评价方法研究》[①]中提出了"结构－人文"主观评价方法体系及评价的过程模型，并对相关信息收集和分析的方法工具进行了全面的梳理，为 POE 研究的发展提供了重要的支持。

（2）评价体系与方法

吴硕贤团队的 POE 研究聚焦于对建筑使用后评估工作程序与方法工具的梳理，着重于理论化、系统化评价方法体系的建立，提出了 POE 的研究方向：

①从观察者到使用者的转变。从以观察者（设计者）的角度进行的主观感性评价转变为以建筑使用者为中心，依据使用群体的价值取向来作为评价的出发点与归宿，建立使用者的满意模型及相关设计要素因子集。

②从定性向定量的转变。从定量的角度出发，运用使用后评价的技术方法，对建筑的实际使用效果的评价建立较完备的层次结构因子模型，并发展利用多元统计分析法、层次分析法求权重，利用模糊数学方法等对其进行综合评价，得

① 该书从方法论的角度，从方法论、学科一般方法和具体技术三个层面，系统研究了以使用者主体价值需求为中心的建成环境主观评价理论体系与应用技术。

到科学合理的评价结果。

③形成设计前后一体化设计。评价结果能否有效地反馈到建筑设计当中，有效地指导工作，为后面的设计决策提供依据。强调将使用后评价结果转化为设计导则的方法与原理，形成设计前中后一体化的评价研究体系。

2）以格伦团队为代表的研究

（1）成果概述

格伦①团队的评价体系是专门针对医疗建筑的，其为多个医疗机构，包括急诊科、住院部、影像室和手术室，提供了一套完善的后续评估体系。通过对国际医疗环境设计辅助工具与我国医疗建筑可持续发展标准的深入研究，格伦团队提出了一系列行之有效的绿色医疗建筑环境设计辅助工具，以满足我国医疗建筑发展的需求。

（2）评价体系与方法

① 绿色医疗建筑环境设计辅助工具

2004 年，英国国家卫生部（National Health Service）授权谢菲尔德大学医疗建筑研究中心研发出一款设计辅助工具 AEDET，它为医疗建筑领域提供了一种全新的解决方案，是一种多次被应用于学术研究和实践操作的工具。它的目的是为了给医疗建筑的设计者们提供一个有效的指导手册，以及一个可以让他们更好地理解和掌握复杂的设计环节和策略的交流平台，从而使他们能够更好地完成项目的前期策划，并且能够更好地满足各个专业领域的需求。格伦团队利用 AEDET 的高效策划和设计辅助性能，将国家《绿色医院建筑评价标准》与 AEDET 的操作模式完美结合，为我国绿色医疗建筑环境提供了一款强大的设计辅助工具，以满足不断变化的医疗需求。

① 格伦，教授，硕士生导师，从事医疗建筑理论研究、教育和医疗建设咨询服务近 20 年。中国高校唯一一个具有近 20 年专注医养领域研究的团队——格伦医疗建筑研究工作室（2002 年成立）。在国内首次提出并填补国内空白的三个领域：前期策划 - 医疗工艺设计 - 后评价。

② 系统层次性原理

格伦团队通过对综合医院多个部门进行分类研究，根据各部门性质与特点，使用系统层次性原理建立评价框架。评价基于三级功能理论，对医院的功能进行了细致的划分，包括功能区、功能圈和功能组团，并根据不同的特征，制定了一系列的评估标准，通过给出相应的打分与评价对医院的服务质量进行衡量。

3）以龙灏团队为代表的研究

（1）成果概述

龙灏[①]团队在对医疗建筑进行评估时提出了医院建筑综合效率的理念，认为医院设计需要考虑空间利用率、患者对医院的社会认可度及医院建设发展过程中对城市的影响，此外还考虑了投入的人力、物力、财力以及消耗资源的比例。建立"面向设计过程"的评价系统架构，探索和实施有效的医疗建筑设计方案，以更好地满足战略需求。

（2）评价体系与方法

① 大型综合医院建筑综合效率理论

大型综合医院建筑综合效率理论在方法层面，提供了一种"注重原理和作用机制"的建筑学研究模式，建立了一种"专门针对建筑综合效率问题"的系统定量方法，并通过应用实践进行了初步验证。在应用层面，通过"设计优化"方面的综合效率理论应用，发展了一种综合兼顾的、可重复批量操作的、模式化设计优化方法。在数据层面，采集、统计了大型综合医院建设运营相关的大量深度数据，在服务于本研究的同时也可为其他相关研究提供支持。

② 系统层次性原理

医院建筑综合效率涉及各个要素之间的相互影响和制

① 重庆大学建筑城规学院建筑系副系主任，博士生导师。

约。由于这些要素的差异性，很难用定量的方法来描述和比较它们。因此，龙灏团队同样运用层次分析法，将定性分析与定量分析相结合，有效地将决策的思路转换成数学模型，解决这一具有多目标、多准则的复杂决策问题。

3. 现有医院建筑评价体系解析

1）适用性

本文针对大型综合医疗街进行评价设计研究，而常规的医疗建筑评价体系则是按照医院的行政部门划分规则进行划分，医疗街等交通空间与公共空间并不在常规的医院分项当中。因此，已有的医疗建筑评价体系对于医疗街的评价并不适用。

2）可行性

针对大量处在一线设计岗位的建筑设计师，其本身一方面对于建筑评价体系是缺乏认知的，也没有足够的时间与客观条件进行大量的调研工作；另一方面，我们不得不面对大量设计单位或者项目并不具备聘请专业评估团队评价的条件。因此，建立一套相对便捷、针对没有经过系统训练的建筑师容易掌握的评价体系是非常重要的。

3）客观性

经过对以往评估体系的对比梳理，以吴硕贤为代表的团队所提出的主－客观一体的评价方式一方面能够使得评价的结果更加客观，另一方面能够充分调动建筑师的主动性，能够与设计紧密结合。

4）评价系统可持续性

建筑的评估结果最终都是指向设计，传统的评价结果都是相互独立、处于静态的，其能发挥的价值有限，数据量对于评估结果是重要的，同时评价体系随着社会、经济环境的及时更新也是重要的，因此将评估体系实态化就显得尤为重要。

5）可交互性

在评价体系形成实态数据库的基础上，其价值将不再局限于评价结果，对于评价对象、评价背景、评价规则均可以进行横向对比，对于变量的控制将会更加精确，其价值将远大于孤立的评价体系。

7.2 构建评价体系新原则

7.2.1 评价前端——指标系统性原则

1. 贯彻循证设计的精准式评估

循证设计的定义为基于当前最佳研究成果证据之上的设计。目前，循证设计已被广泛应用于医疗建筑领域，而且经过多次实验证明，它能够显著地改善患者和工作人员的身体健康，加快他们的恢复过程，缓解他们的负担，同时也能够增强他们的安全感。循证设计强调严谨的研究方法和依据的可靠性，以及数据对建筑设计品质和产出影响的直接性。循证设计在创造最佳医疗环境、支持家庭参与治疗、运用有效的员工绩效考核、减少员工压力等方面有显著效果。善于运用循证设计的建筑师，加上了解设计策略的具体产出并积极配合的客户，有利于从研究和实践结果中选择最好的设计策略，从而创造出良好的建筑环境。

"循证设计"源自"循证医学"，即参考现阶段最具参考价值的医疗证据，然后作出决策，其目的是为患者创造更好的治疗环境。可靠的外部证据，来自当前医疗机构的相关临床研究等医学行为，通过患者在研究过程中的各项表现获得最终临床实验数据。

原先公认的诊断测试和治疗方案随着时间的推移会逐渐失效，因此要在接受传统的诊断测试和治疗方法之前，就要通过更翔实、更准确、更有效、更安全的新方法取代它们。

设计也是如此，如果脱离了现阶段的例证参考，设计就可能面临迅速过时的风险，甚至直接伤害到患者，因为随机测试很可能会误导我们，尤其是由于系统自身的问题而造成的错误。现阶段，在医疗建筑设计中，我们缺少可以对医疗建筑使用效果作出正确评估的组织，这是我们无法及时对证据进行更新的一个重要原因。

在医疗建筑设计中，"循证设计"的实现需要秉承一个基本事实：设计相关方需要在对目标和现实清晰把握的情况下，才能作出正确选择，从而使决策可以充分参考现有的最佳证据。

1）以问题为导向

以往建筑评价的基本思路多强调对项目前期设计背景、目标和设计师设计过程等项目信息的解读，在此基础上明确项目可持续性、舒适性等特征，以确定评价的指标和方法，但这样的思路对于针对不同项目采取不同设计方式所呈现的效果是不同的，加之设计初期的目标多为一种粗放和抽象的愿景，本身就没有包含对好坏程度的衡量标准，因此建筑评价研究在这个层面所做工作的价值只是将这种表象用具体的度量数据来进行证明。此外，医疗建筑所承载的可持续性特征类别繁多，且环境、社会和经济效益之间存在复杂、模糊的冲突关系，目前行业也没有对不同项目的可持续特征提出明确标准；此外，面对同类项目，评价研究者也多从自身容易获取的资源出发选择评价内容和方法，最终呈现的评价内容不尽相同，各研究之间也无从比较或评价。为此，单纯从识别医疗建筑特征为视角开展绩效评价研究，其研究工作不仅抽象且庞杂，目前该思路下完整评价工作的完成度并不理想，并且已取得的研究成果对实际设计实践的指导性价值也并不明显。

因此，循证设计思想以设计问题为出发点，利用现存的、由研究和实践产生的最佳证据，作为设计与决策的最佳依据，从而促使医疗建筑评价研究更直接，真正地成为研究者、设计师和甲方之间沟通的桥梁。

2）建立评价结果与设计决策关联性

建筑评价需从直线向循环转变，强调注重评价结果的回溯分析，并形成设计实践程序中的反馈机制。"回溯"的语义解释为"上溯，向上或向内推导"。"反馈"则是控制论的一个基本概念，指"将系统的输出返回到输入端并以某种方式改变输入，它们之间存在因果关系的回路，进而影响系统功能的过程。"那么，回溯和反馈的两种思维在医疗建筑评价体系中的应用主要体现在：一是要基于评价研究结果，追溯原始设计决策的内容，分析其与设计结果间的因果关系，进而分析原始设计决策的优劣及其影响因素等；二是将设计实践视为一个系统，设计决策环节将信息输出并作用于外部物理环境，评价则是设计实践系统将作用于环境的信息再次返回系统的反馈机制，以增强系统的再输出能力，形成循环往上的优化机制。

因此，医疗建筑评价作为医疗建筑设计决策实施效能的回溯反馈，不是单纯地对建成项目产生的效益表象进行量化归纳，而是在评价结果与设计决策之间建立关联性分析，也就是要揭示评价结果与前期设计策略和方法内在的关联性和规律，以此进一步分析设计决策的优劣及其影响因素。比如，在设计前期，设计师采取的某种设计方案预期能够带来某些效益，那么评价的任务就是量化这些效益是否产生，明确指出产生这些效益所采用的设计要素或方法及其背后的影响机制，或者带来的负面效益结果又是由于什么因素造成的。也就是通过这种回溯反馈评价分析，追踪设计决策的特性，对原始策略的产生机制、决策内容、主客观环境等进行分析。

3）总结和指导实践的普适性知识

医疗建筑评价研究的根本价值和意义在于为行业内广泛的设计实践决策提供科学严谨的数据。与此同时，除了如何产生好的数据，还存在另一个重要的问题：如何能够高效地传播这些数据，以被其他研究者或设计实践者使用？这也是设计学科和行业普遍面临的另一个有关知识管理的难题。

数据的最佳形态是具有实践指导或应用价值的知识。根据知识的分层特点，数据是未被加工解释的原始素材（如数字、文字、图像、符号等），数据自身是无法回答任何特定问题的，需要经过一定的处理。具有逻辑关系的数据，才能回答某些简单的问题，形成针对特定问题提供解决思路和办法的重要"工具"，有助于提高工作效率。此外，知识是需要一定的积累与应用才能真正做到启迪人类智慧，成为人类进步的基础，因此单个案例研究结论是远远不够的，多个案例研究成果的系统评价的二次研究才能提升结论的质量。因此，医疗建筑评价研究需建立在大量案例评价的系统研究之上，并整合提炼为对未来实践具有指导或可直接应用的知识体系，并且建构高效管理知识体系的数据库平台，形成可持续的绩效研究机制。现行设计行业规范或标准往往滞后于当前的设计实践需求，医疗建筑评价研究的知识体系建构有助于推动行业规划和标准的更新与完善。

数据是循证设计导向下医疗建筑评价的核心，要将科学研究与设计实践形成闭合回路。与传统评价研究相比，基于最佳数据的医疗建筑评价不是一个静止的独立系统，而是随着项目内在的时空变化与实践项目的积累紧密关联的动态更新系统。循证设计实践与医疗建筑研究两者相互作用，一方面，评价生成的证据有效地指导新的设计实践，另一方面，评价研究及其形成的知识体系（数据）也跟随实践活动不断发展的需求而动态更新，两者促进医疗建筑设计实践走向良性循环。

传统经验型设计实践中，知识常处于个体内在的默会知识（隐性知识）的状态，呈现私有和封闭的特点，其传递和流动通常范围窄、效率低。为了扩大和提高优秀实践的范围和质量，需将隐含在这些实践背后的隐性知识转化成能够进行传播和交流的显性知识。实践研究的作用和最终目的就是将经验式的实践智慧总结和转化为能在个体间进行传达、明确和规范的显性知识。

医疗建筑评价作为一项典型的实践性研究，其成果应该是能向大众呈现为有用的知识，并辅以相关信息和数据。这些信息、数据和知识需以一种有序、动态更新的载体进行传播。综合上述研究可知，循证设计范式能够帮助设计决策作出正确的最优选择，提升成本转化率，其关键在于获得具有有效和最优证据的研究环节。精准的医疗评价研究是循证设计思想主导下为设计决策收集准确有效证据的寻证过程，以证明设计的效果，同时循证设计导向下医疗建筑研究的不断积累形成的知识体系有助于广泛提高行业设计标准、效率和水平，提升行业竞争力。

2. 构建"人–建筑–环境"三元评价体系

系统具有层级性，一个系统包含多个层次的维度，我们要对特定的目标系统进行评价，就必须先理清楚其包含的基本维度。前文我们分别从医疗街本身及使用者需求两个方面对医疗街这一系统进行分析，知道"自然环境－人工环境－人的行为环境"是存在相互关系的。虽然主观评价的研究目标是人工环境（即建成环境），但不能忽视自然环境要素这个维度对人的影响（表 7-1）。

<table>
<tr><td colspan="5" align="center">评价因素列举</td><td align="right">表 7-1</td></tr>
<tr><td rowspan="4">建成环境评价因素</td><td colspan="2">自然环境</td><td colspan="3">大气、水、土壤、生态、资源、自然景观等</td></tr>
<tr><td colspan="2">人工环境（社会物质环境）</td><td colspan="3">生活环境、服务环境、文化环境、经济环境等</td></tr>
<tr><td rowspan="2">人的行为环境</td><td>内在因素</td><td colspan="3">价值观、心理、信仰、知识经验等</td></tr>
<tr><td>外在因素</td><td colspan="3">社会文化环境：经济、制度、法律、文化、生活习俗等</td></tr>
</table>

资料来源：作者自绘。

因此，根据所评价环境的特点，从"人－环境－建筑"这个大系统中把握评价维度，才能构建出较为完整的评价因素集合。一般评价因素选择和指标建构的原则如下：

（1）完备性。包含表 7-1 中所示系统的三个层次，全面地描述环境。

（2）独立性。独立的评价指标区分度好，能区别群体的差别，减少冗余信息，可减少研究时间和花费。

（3）区分度。区分度佳的指标则敏感度好，可以用较少的指标达到目的。

（4）"中心－边缘"原则。每类场所都有自身的"意义核心"。评价指标的设计应倾向于环境特质的中心，不宜对各个要素平等对待，但边缘要素也不可或缺。

（5）理论的延续性原则。学术有延续性，前人的指标体系虽然与具体研究条件不符，但其基本维度具有提示作用。充分考察前人的研究，可以少走弯路，使结论更有推广意义。

（6）评价指标应与所采用的收集和分析数据方法统一起来。

（7）专家集体把关原则。因为评价者个人的思维观点难免有缺陷和偏差。

（8）项目指标难以切合评价主体的实际。有些评价主体（使用者）的平均文化水平参差不齐，如果仍选用复杂难懂的指标，就脱离实际，造成评价的可信度降低。

7.2.2 评价中端——工具有效性原则

1. 评价方式：定量与定性结合

目前，国内关于建筑环境评价的研究，较偏向实证的量化研究。建筑本身作为一种非纯自然科学特征的学科，其发展必然要受当代人文科学的影响，离不开经验和实证研究逻辑。但实际情况是，其他非量化方法被排斥，质化方法长期被忽视。

量化评价方法至今仍未成熟，尽管量化研究加入了许多新思想和新方法，但实践证明单纯使用量化方法会给评价带来不足和遗憾。具体地讲，一是事先设定的指标结构难于完全同实际情况相一致，因为使用者的需要是多样而易变的；二是主观测量再精确也只是表面层次的，无法获取深层的细节；三是对变量进行控制时，会遗漏许多自然情景下的资料信息。

因此，量与质的统一是当代社会科学研究中的重要趋势之一。医疗建筑评价体系的研究方法不应排斥非量化的多元方法，必须运用一切契合具体研究目的的方法来解决问题。评价研究既应立足于科学化的目标和客观性的原则，走量化的道路，又要吸收人文主义的思想和方法。多元方法应以共同的目标融合为一个整体。

鉴于目前医疗建筑评价方法的发展特点，以及量与质研究法统一的必然趋势，评价方法理论的综合化，需要将结构和人文评价方法汇合成一个完整的方法体系。在朱小雷博士的研究成果当中就已经表明，结构评价方法偏重于系统的方法和逻辑严谨的科学程序。它具有数据可靠、程式化和标准化的优点，但最大的不足在于难于全面涉及环境的所有因素；人文评价法是自然的研究范式，没有固定不变的程式，易于全面、深入、细致地洞察问题。虽然其评价结果的针对性强，但推广意义往往不足。可见，两者不仅有互补的可能性和必要性，而且两者之间的差异性表明各自的地位和作用无法被取代，都有自己最佳的适用情形，但也有各自难以克服的不足。所以，只有将两者作为一个整体来看待，作为一个体系下解决不同问题的可选方法来对待，才能使主观评价方法走向新的综合。

从技术特征看，结构和人文评价方法在研究形式上也有某些相似性。例如，二者都是通过真实资料，以理性分析来导出结论，只是在是否预定假设、具体切入问题的方式和技术手段等方面有差异。对一个具体评价对象来讲，两类方法均可看作从不同角度和侧面达到认识对象规律和本质的不同途径。实践中，量的研究中也常常使用定性分析法去建构指标，而质的研究中也利用统计频数的方法作定量分析比较。二者也是相互渗透、相互对话的。因此，二者的融合既有可行性，也有必要性。

总之，从结构和人文评价方法的内在特征看，可以将二者有机地结合为一个整体。

2. 评价主体：使用者与专家结合（表7-2）

评价主体对比 表7-2

评估内容	客观评估	主观评估
评估主体	专家	使用者
评估标准	业界统一的专业技术标准，具有客观性和相对稳定性	人群感受的社会心理趋势、环境价值标准，具有主观性和易变性
评估对象	物质环境系统	"人-建成环境"系统
方法论	以科学主义为中心，还原论	多元主义
具体方法技术	以实验、观察为主，定量化的技术为中心，兼顾定性技术	定量与定性结合，以非实验的多元方法为主
研究目标	诊断性、检验性	描述、解释、验证
实践策略	实证策略	综合性的折中策略
逻辑	演绎	归纳（演绎）、类比
分析变量间关系的类型	因果关系	相互关系
优点	结果有较强的可比性依据；可清楚地检验环境的物质质量	真正从使用者的需求出发，结果有更佳的推广意义，可全面评判综合效益
缺点	局限于客观的参考标准，缺乏自我更新的机制，易僵化	评价标准不统一，结果缺少可比性

资料来源：作者自绘。

7.2.3 评价后端——建立动态评价机制

1. 建立知识库指导评估

数据是事物的客观事实，信息是一定语境背景下对数据的组织，而知识则是在此基础上加入了人为的理解和判断，可以概括为以下的解释：

数据＝未经过组织的客观事实信息＝数据＋语境背景知识＝信息＋判断

知识库包含了对既有医疗建筑原始实态数据的采集与记录，根据一定背景下对实态数据的分析，以及经过大量的研究整合、专家判定等形成的知识体系。

在建筑评价体系特别是在医疗建筑评价体系当中，广义的数据库的概念虽然经常被用到，但由于基础信息缺乏，在建立知识库和广泛的传播使用方面还存在较大的差距。建立既有医疗建筑实态评估的辅助知识库平台，作为辅助支持工具，将现有医疗建筑的实态信息及评估数据、经验等知识进行资源整合，作用于医疗建筑评价的多个环节，其主要的作用可以概括为以下几个方面：

首先，知识库能够有效地承载既有医疗建筑实态评估相关的基础数据。基础数据是实态评估最关键的因素，利用知识库体系，将既有医疗建筑实态评估以及品质提升过程中相关的法律法规、标准规范，以及研究过程中采集到的图纸信息、分析信息、评估信息等进行有效的整合。因此，知识库首先是实态评估数据的承载工具。

其次，知识库能够介入既有医疗建筑实态评估流程，为前期调查分析与评估提供客观的事实依据，使既有医疗建筑实态评估科学化与合理化。在评估分析中，对既有医疗建筑的状态进行调查，进而收集整理信息，评估分析并作出判断，同时提供合理的优化方案。此过程中则可以借助知识库系统进行既有医疗建筑劣化原因以及修复方法的选择。知识库的建立结合了多专业多领域的辅助，由于既有医疗建筑本身问题的复杂性，单一学科和领域难以涵盖所有既有医疗建筑改造的相关知识并及时作出处理。因此，结合多领域、多专业相关专家智慧的辅助知识库系统将很大程度上提高了实态评估的专业性与科学性。

再次，建立的知识库，既成为医疗建筑数据信息的承载者，也是一个联系多方的交流平台。建筑实态信息采集及评估整合的过程中，其中一个重要的环节就是医疗建筑设计中相关城市建设单位、使用者、建筑师等主体间的交互作用。知识库平台则可以很好地缓解各个主体之间信息交流、参与程度不高等问题。

最后，在宏观层面上，借助辅助知识库可以促进既有医疗建筑实态评估以及品质提升相关标准规范以及法律法规的制定，是从社会和实践等多个方面推动既有医疗建筑的品质提升和长远发展。

2. 以知识库指导设计

信息化的工具载体可以有效地提高医疗建筑品质，以下从几个方面阐述实态评估中辅助知识库建立的需求：

既有医疗建筑实态评估辅助知识库体系的建立，是为了能使既有医疗建筑在进行品质提升的时候，能够"有方可依"进行前期的调查研究和评估，从而提高实态评估的科学性和品质。既有医疗建筑实态评估应用于既有医疗建筑品质提升的前期策划环节，早期的评估对品质提升的策划有决定性作用。

实态评估辅助知识库系统，是为建筑师提供辅助设计策划信息，提供设计的参考信息。

7.3 综合医院医疗街评价体系的形成

7.3.1 评价范围及流程

综合医院医疗街采用"结构－人文"方法进行研究，研究流程如图 7-1 所示。

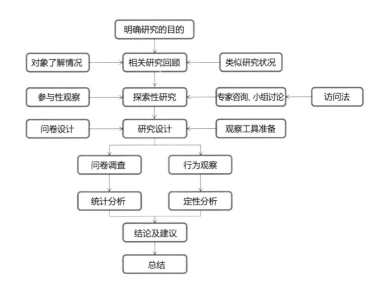

图 7-1 "结构－人文"方法研究流程
（资料来源：许树柏.层次分析法原理 [M].
天津：天津大学出版社，1988）

利用结构观察法的目的是与问卷的结果进行相互比较、印证。结构观察即为标准化观察，指采用预设的观察提纲和行为分类记录表对设计环境所进行的观察，通常为非参与性观察。其内容是固定的，记录方式是统一的，可进行量化分析。而结构化程度较高的问卷则会使评价技术过程变得标准化、系统化，以科学运算的过程得到可靠结果。

7.3.2 利用结构性问卷进行定量评价

1. 计算方法设计

1）层次分析法

层次分析法是萨蒂（T.L.Saaty）[1]于 1970 年代中期提出的，其作为一种多准则决策方法，能够有效地将多目标多准则问题中的定性和定量因素结合起来，从而提高决策的效率和准确性。鉴于医疗街系统存在复杂的多维度、多层次的评价，因此，我们选择层次分析法作为一种可靠的评价方式，以便更好地实现对其准确识别。层次分析法是一种将复杂问题拆分为若干个独立元素的方法，它通过比较这些元素之间的关系来构建一个递阶的结构，从而更好地理解问题的本质。通过层次分析，可以将问题划分为三个主要部分：首先，建立一个逐级的层次结构模型；其次，确定评估标准；最后，进行一致性检查。

2）建立通阶层次结构模型

将评估目标分解为若干因子。通过将各个因素根据其特征分组，形成多个分级，可以构建出一个多维度的因子集。以同一层次的因素为基础，并对下一层次的因素产生影响。从高处到低处的控制机制被称为"逐级分级"。因子之间的支配关系是不同的，任意一个因子既可以受多个上一层次因子的同时支配，也可以同时支配下一层级的多个因子（图 7-2）。

3）构建判断矩阵

建立一个分层结构模型以清楚看到各个因素之间的上下级关系。假设以上一层次的因素 C_k 为基准，对下一层次的因素 A_1、A_2、……、A_n 进行评估，各因子指标分别为 a_1、a_2、……、a_n。

[1] 萨蒂（Thomas L. Saaty），1926 年生，美国国家工程院院士，宾夕法尼亚大学沃顿商学院教授，匹兹堡大学杰出教授，层次分析法（AHP）和网络程序法（ANP）创始人。

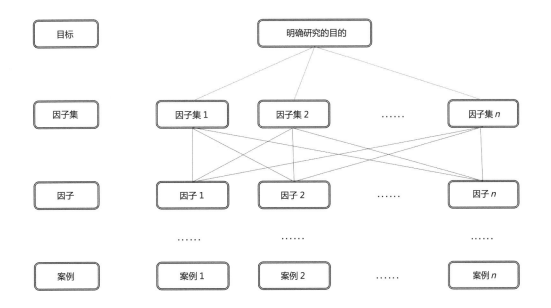

图 7-2 层次分析法结构模型
（资料来源：许树柏.层次分析法原理 [M].天津：天津大学出版社，1988）

在 C_k 基准之下，需要得到 A_1、A_2、……、A_n 因子之间的相对重要性权重，为获得权重需要将其分别进行两两比较，也就是比较 A_i 与 A_j 之间的相对重要程度，即为 b_{ij}。又记 A_i 与 A_j 的指标值之比为 $a_i/a_j=k_{ij}$。

$$b_{ij}=b\ \frac{\mathrm{Ln}(k_{ij}^{p})}{\mathrm{Ln}k} \qquad （7-1）$$

式中，k 为全部因子 A_n 重要程度的最大值与最小值之比；p 为调整系数，当选取准则为指标值越大时，取值 1，反之取 −1；b 为与 k 相对应的因子相对重要程度的标度（对照数列 1、1.30、1.77、2.40、3.63 分别对应标度 1、3、5、7、9，之间的数值分别对应标度 2、4、6、8）。最终两两比较判断矩阵，形成互反矩阵。判断矩阵应具有以下性质：

（1）$b_{ij}>0$;

（2）$b_{ij}=1/b_{ij}$;

（3）$b_{ij}=1$。

4）计算权重及一致性检验

计算权重：利用软件 Yaaph 对 C_k 基准的 A_1、A_2、……、A_n 因子权重进行计算。

一致性检验：

（1）计算利用判断矩阵 A 解特征根：

$$A_w = \lambda_{maxw} \qquad (7\text{-}2)$$

（2）计算得出 A 的特征根 λ，特征根 λ 经正规化后作为 A_i、A……的排序权重，λ_{max} 存在且唯一。在计算得出排序权重后，需要进行一致性检验，式中 n 为判断矩阵的阶数：

$$CI = \frac{\lambda_{max} - n}{n-1} \qquad (7\text{-}3)$$

（3）还应进行平均随机一致性指标 RI 检验。平均随机一致性指标是指多次重复进行随机判断矩阵特征值的计算之后得到的算术平均数。龚木森、许树柏得出的 1～15 阶重复计算 1000 次的平均随机一致性指标如表 7-3 所示。

1～15 阶一致性指标表　　　　　　　　　　　　表 7-3

阶数	1	2	3	4	5	6	7	8	9	10	11	12	13	14	15
RI	0	0	0.52	0.89	1.12	1.23	1.36	1.41	1.46	1.49	1.52	1.54	1.56	1.58	1.59

（4）计算一致性比例 CR 方法如下，当一致性比例 $CR < 0.1$ 时，判断矩阵一致性可以接受：

$$CR = \frac{CI}{RI} \qquad (7\text{-}4)$$

2. 问卷设计

结构性问卷包含两种类型的调查问卷，分别是重要性与满意度两方面。经过这两种问卷，可获得患者与专家对特定因素的看法，并获得了他们在使用这一医院医疗街时的满足感（问卷参见表 7-4）。

使用五级李克特（Likert）量表①来进行调查。通过重要性问卷将 5 个一级指标和 15 个二级指标的重要性划分为 5 个级别，从"非常重要"开始，按照重要性从高到低的顺序，依次是：5、4、3、2、1，以此来衡量每个指标的重要性。通过满意度调查，将受访者的满意程度划分为 5 个等级：非常满意、满意、一般、不满意、非常不满意，每个等级的得分依次为：5、4、3、2、1（表 7-4）。

重要性及满意度评分　　　　表 7-4

重要性		满意度	
非常重要	5	非常满意	5
重要	4	满意	4
一般	3	一般	3
不重要	2	不满意	2
非常不重要	1	非常不满意	1

资料来源：网络。

3. 综合得分计算及等级评定

首先，通过重要性问卷的数据收集，准确地衡量每个因素对于项目目标的影响，从而确定它们之间的相对权重 X_i。其次，利用满意度调查来评估患者对医疗街的满意度，并计算出它们的平均水平。最后，专家们根据评估标准对医疗街进行详细的评估，并计算出相应的得分。经过多次计算，最终得出了使用者和专家的评估目标的得分 A 和 B。

$$A = \sum_{i=1}^{n} X_i C_i \qquad （7-5）$$

$$B = \sum_{i=1}^{n} X_i D_i \qquad （7-6）$$

① 李克特形态度量表，是由 R. 李克特提出的一种建立态度量表的方法。

式中，A 为评估目标的主观评估得分；B 为评估目标的客观评估得分；X_i 为因子相对于总目标的相对权重值；C_i 为使用者对各项因子的主观评分；D_i 为专家对各项因子的客观评分。

通过评估目标的表现，将其划分为"优秀""良好""一般""差"和"很差"5 个等级，并且按照得分的多少来划分，以便更好地了解每个目标的表现情况（表 7-5）。

评估等级	表 7-5
等级	得分 A_i
优秀	$A_i \geq 4.5$
良好	$4.5 > A_i \geq 3.5$
一般	$3.5 > A_i \geq 2.5$
差	$2.5 > A_i \geq 1.5$
很差	$1.5 > A_i$

资料来源：作者自绘。

4. 评估因子权重计算

1）建立递阶层次结构模型

建立具有评价目标 + 因子集 + 因子三个层次的递阶层次结构模型，具体如表 7-6 所示。

医疗街评价体系 表 7-6

评价目标	因子集	因子	评判原则
人性化需求	A 高效性	a_1 功能布局	1. 模式辨识度 2. 模块独立性 3. 功能相关性 4. 交通空间布局 5. 医疗辅助空间布局 6. 非医疗辅助空间布局 7. 聚合性休闲空间布局
		a_2 交通组织	1. 医疗街出入口 2. 医疗街与外部交通系统衔接 3. 与地下车行系统接驳 4. 与人行系统接驳 5. 医患分流 6. 竖向交通数量
		a_3 空间组织	1. 空间层级性 2. 空间布局与就诊流程的对应性 3. 功能空间的垂直对位关系 4. 公共空间意向的清晰性 5. 交通空间排布
		a_4 寻路导向	1. 导航系统高效 2. 标识系统高效 3. 人工导医系统高效
		a_6 服务设施	1. 智能化系统 2. 物流传输自动化系统

评价目标	因子集	因子	评判原则
人性化需求	B 健康性	b_5 环境营造	1. 声环境 2. 光环境 3. 热环境
		b_6 服务设施	1. 洗手设备 2. 材料抗菌
	C 安全性	c_1 功能布局	1. 安全疏散 2. 安全分区 3. 感染防范
		c_3 空间组织	空间尺寸
		c_6 服务设施	1. 无障碍设计 2. 安全防范设施设计 3. 防火系统设置
	D 舒适性	d_1 功能布局	功能布局多元
		d_2 交通组织	1. 自动扶梯设计 2. 电梯设计 3. 楼梯设计
		d_3 空间组织	1. 空间尺度对比 2. 候诊座椅布置
		d_5 环境营造	1. 色彩环境 2. 装饰装修 3. 绿化及景观
	E 可持续性	e_1 功能布局	1. 医疗街连接下的医院整体性 2. 自我拓展端
		e_2 交通组织	1. 连续的空间秩序 2. 应对医院拓展的尺寸考虑 3. 结构与空间的独立性 4. 柱网与空间的模块化
		e_3 空间组织	1. 空间尺度对比 2. 候诊座椅布置
		e_5 环境营造	相似的材料、色彩等细节的处理

资料来源：作者自绘。

2）问卷发放与检验

（1）问卷发放

本书采用了综合性的评估因子权重问卷，包括专家与使用者两种对象，纸质与电子两种形式，总计发放 150 份问卷。经过调查，共收到 10 份专家问卷，其中有效问卷 10 份；而使用者问卷共收到 140 份，其中有效问卷 100 份。

（2）问卷分析

①因子集重要性分析

根据对专家及使用者发放的重要性调查问卷数据进行整理，分别得出 5 个因子集重要性得分。专家与使用者各取 50% 算出最后的综合得分，并据此进行排序（表7-7）。

因子集评分结果 表7-7

因子集	平均值		综合得分
	使用者	专家	
A 高效性	4.67	4.95	4.81
B 健康性	4.85	4.65	4.75
C 安全性	4.63	4.68	4.66
D 舒适性	3.45	4.12	3.79
E 可持续性	3.18	4.35	3.77

资料来源：作者自绘。

②因子重要性分析

根据对专家及使用者发放的重要性调查问卷数据进行整理，分别得出 18 个因子重要性问卷得分。专家与使用者各取 50% 算出最后的综合得分，并据此进行排序（表7-8）。

因子评分结果 表7-8

因子	平均值		综合得分
	使用者	专家	
a_1 功能布局高效	4.67	4.72	4.70
a_2 交通组织高效	4.67	4.65	4.66
a_3 空间组织高效	4.10	4.30	4.20
a_4 寻路导向高效	4.67	4.45	4.56
a_6 服务设施高效	3.83	3.67	3.75
b_5 环境营造健康	3.67	4.15	3.91
b_6 服务设施健康	4.17	4.05	4.11

因子	平均值		综合得分
	使用者	专家	
c_1 功能布局安全	4.67	4.78	4.73
c_3 空间组织安全	3.50	4.20	3.85
c_6 服务设施安全	4.67	4.12	4.40
d_1 功能布局舒适	3.50	3.80	3.65
d_2 交通组织舒适	4.50	3.77	4.14
d_3 空间组织舒适	3.75	4.45	4.10
d_5 环境营造舒适	3.67	4.35	4.01
e_1 功能布局可持续	3.83	4.12	3.98
e_2 交通组织可持续	3.83	3.90	3.87
e_3 空间组织可持续	3.67	3.79	3.73
e_5 环境营造可持续	2.83	3.05	2.94

资料来源：作者自绘。

　　表格数据显示专家和使用者的问卷结果大致一致，但在某些指标上存在一定程度的偏差。专家和使用者的专业视角、观点和需求的差异自然会导致不同结果的产生。通过两份问卷，可以看出，在不同的观点下，对于医疗街的评价标准是多样且复杂的。通过专家与使用者问卷的比较，评分整体趋向一致。

　　（3）因子权重的计算

　　①构造判断矩阵

　　首先是决定判断矩阵各个因素的权重。通过应用公式（7-1），对上文得出的各项重要性程度进行计算，得出它们之间的相对重要性 b_s，并将其转化为一个矩阵。因子集判断矩阵 A-E 是一种用于评估医疗街性能重要程度的评估方法，它可以帮助我们更好地了解和评估其价值。在矩阵中，每个分值都反映了 A 高效性、B 健康性、C 安全性、D 舒适性和 E 可持续性五个因素之间的关联性，从而体现出它们的重要性（表7-9）。

矩阵 A-E

表 7-9

矩阵 A-E	A 高效性	B 健康性	C 安全性	D 舒适性	E 可持续性
A 高效性	1.000	1.007	1.018	1.139	1.142
B 健康性	0.993	1.000	1.011	1.131	1.134
C 安全性	0.982	0.989	1.000	1.119	1.122
D 舒适性	1.131	0.878	0.894	1.000	1.003
E 可持续性	1.174	0.876	0.891	0.997	1.000

注: $K=1.278$,相对重要性标度 $b=4$。

资料来源: 作者自绘。

再根据因子集的重要性,又可以构建出五个判断矩阵: A-A、B-B、C-C、D-D 和 E-E,以便进行因子判断(表 7-10 ~ 表 7-14)。

高效性判断矩阵 A-A

表 7-10

矩阵 A-A	a_1 功能布局高效	a_2 交通组织高效	a_3 空间组织高效	a_4 寻路导向高效	a_6 服务设施高效
a_1 功能布局高效	1.000	1.004	0.996	1.016	1.132
a_2 交通组织高效	0.996	1.000	1.059	1.012	1.128
a_3 空间组织高效	0.940	0.944	1.000	0.955	1.065
a_4 寻路导向高效	1.012	0.984	1.047	1.000	1.114
a_6 服务设施高效	1.128	0.883	0.939	0.897	1.000

注: $K=1.252$,相对重要性标度 $b=2$。

资料来源: 作者自绘。

健康性判断矩阵 B-B

表 7-11

矩阵 B-B	b_5 环境营造健康	b_6 服务设施健康
b_5 环境营造健康	1.000	0.968
b_6 服务设施健康	1.033	1.000

注: $K=1.051$,相对重要性标度 $b=2$。

资料来源: 作者自绘。

安全性判断矩阵 C-C

表 7-12

矩阵 C-C	c_1 功能布局安全	c_3 空间组织安全	c_6 服务设施安全
c_1 功能布局安全	1.000	1.123	1.042
c_3 空间组织安全	0.891	1.000	1.123
c_6 服务设施安全	0.960	1.078	1.000

注：K=1.227，相对重要性标度 b=2。

资料来源：作者自绘。

舒适性判断矩阵 D-D

表 7-13

矩阵 D-D	d_1 功能布局舒适	d_2 交通组织舒适	d_3 空间组织舒适	d_5 环境营造舒适
d_1 功能布局舒适	1.000	0.927	0.931	0.944
d_2 交通组织舒适	0.995	1.000	1.005	1.019
d_3 空间组织舒适	1.101	1.101	1.000	1.014
d_5 环境营造舒适	1.086	0.981	0.987	1.000

注：K=1.133，相对重要性标度 b=2。

资料来源：作者自绘。

可持续性判断矩阵 E-E

表 7-14

矩阵 E-E	e_1 功能布局可持续	e_2 交通组织可持续	e_3 空间组织可持续	e_5 环境营造可持续
e_1 功能布局可持续	1.000	1.014	1.033	1.167
e_2 交通组织可持续	0.972	1.000	1.018	1.151
e_3 空间组织可持续	0.958	0.958	1.000	1.130
e_5 环境营造可持续	0.857	0.869	0.885	1.000

注：K=1.352，相对重要性标度 b=4。

资料来源：作者自绘。

②权重计算

根据矩阵结果再借助软件 Yaaph 对矩阵进行计算，并得出各项指标权重（表7-15）。

因子集		因子		总排序权重
因子集名称	权重	因子名称	权重	
A 高效性	0.2115	a_1 功能布局高效	0.2055	0.0435
		a_2 交通组织高效	0.2074	0.0438
		a_3 空间组织高效	0.1984	0.0419
		a_4 寻路导向高效	0.2049	0.0433
		a_6 服务设施高效	0.1839	0.0389
B 健康性	0.2100	b_5 环境营造健康	0.4919	0.1033
		b_6 服务设施健康	0.5081	0.1067
C 安全性	0.2077	c_1 功能布局安全	0.3509	0.0729
		c_3 空间组织安全	0.3330	0.0692
		c_6 服务设施安全	0.3160	0.0657
D 舒适性	0.1857	d_1 功能布局舒适	0.2374	0.0441
		d_2 交通组织舒适	0.2562	0.0476
		d_3 空间组织舒适	0.2550	0.0473
		d_5 环境营造舒适	0.2514	0.0467
E 可持续性	0.1851	e_1 功能布局可持续	0.2624	0.0486
		e_2 交通组织可持续	0.2587	0.0479
		e_3 空间组织可持续	0.2541	0.0470
		e_5 环境营造可持续	0.2248	0.0467

资料来源：作者自绘。

③判断矩阵的一致性检验

分别对矩阵 A-A、矩阵 B-B、矩阵 C-C、矩阵 D-D、矩阵 E-E 进行一致性检验。

根据公式（7-2）计算得判断矩阵特征值结果如下：

判断矩阵 A-A 特征值 λ_{max}=5.0005

判断矩阵 B-B 特征值 λ_{max}=2.0000

判断矩阵 C-C 特征值 λ_{max}=3.0040

判断矩阵 D-D 特征值 λ_{max}=4.0000

判断矩阵 E-E 特征值 λ_{max}=4.0000

由公式（7-3）、公式（7-4）求得 CR 如下：

矩阵 A-A：CR=0.0001<0.1，符合一致性要求。

矩阵 B-B：CR=0.0000<0.1，符合一致性要求。

矩阵 C-C：CR=0.0039<0.1，符合一致性要求。

矩阵 D-D：CR=0.0000<0.1，符合一致性要求。

矩阵 E-E：CR=0.0000<0.1，符合一致性要求。

全部矩阵 CR 小于 0.1，均通过一致性检验。

7.3.3 利用行为测量评价法进行验证性评价

1. 基于研究者角度的参与性观察

问卷和结构访谈作为一种结构化评价方法，是具有缺陷的，其中最大的缺陷便是研究者的价值观很有可能会强加给被试者，然而只有参与者设身处地地理解环境与行为，才与现象学方法的研究目标相符。因此，当研究人员无法确定"没有先入为主"的准确性和客观性时，他们的结论就会变得不太可靠，甚至是完全不可信。此外，由于主观因素的存在，使得评价标准在不同学者之间难以统一。随着研究者参与度的提高，他们对问题的看法也会很难统一。

为使评估结果更加可靠，我们采取了参与观察的评价方法，依靠研究者的眼睛去探索人类与自然之间的关联，这种评价方法基于使用者的价值观来衡量和评估建设的环境。尽管基于使用者自身的评价方式是主观评价中最重要的组成部分，但其优势在于可以有效地减少人群干扰，从而提升评估研究的准确性和可靠性。根据心理学研究结果，当受试者能够准确地识别出调查表中的特征时，他们就更有可能给出令人满意的答案。除此之外，医院及医疗街本身复杂的系统特性使得非专业的使用者难以完全通过自陈式调查取得预期效果，自由观察不仅能够提供比传统方法更加全面的信息，而且还能够通过间接的手段来检验这些信息的准确性。

因此，本书采用了非结构化的参与性观察方式，研究者以行为场景为基础进行深入而广泛的观察，从而发现环境的独特之处。通过这种方式可以避免作出过多的假设，并且可以以客观的角度来进行实际的环境体验，而不仅仅停留于实证研究。

2. 进行行为测量分析

1）结构观察方法的选取

可以通过结构观察法，将调查结果与问卷结果进行有效比对，从而得出有力的证据。结构观察需要采用预设的观察提纲及行为记录对环境进行观察，而不是直接参与其中。记录的信息内容及记录方式均是固定且统一的，以便后期进行量化分析。

在众多的测量工具当中，有两种对于建筑师来说最为直观且便利，那便是行为地图及间隔时间观察照片。

（1）行为地图

通过使用行为地图，可以对周围的环境进行全局性的观测，从而更好地了解人们的行为特征。这个工具能够捕捉空间的运作情况，包括行为的内容、时间、频率和位置，并且能够按照预定的时间间隔将这些信息记录在平面图上。这个工具不仅能用来研究人的行为，还能揭示他们与周围环境之间的关系。在数据分析中，需要将环境设计特征与人群行为联系起来，以便在时间和空间上进行分析。西方已经广泛采用行为地图分析技术来进行环境评估，而国内却相对较少将其应用于此领域。

根据埃特尔森的研究，行为地图[①]具有五个显著优势：①可以提供一个完整的平面图；②有明确的人类行为，其频率和位置均会被标记；③有日程表，可以记录观察的持续时间；④有系统化的观察程序；⑤有符号和编码系统，便于统计并生成数据结果。

需要通过以下步骤才能构建完整的行为地图：①对观测行为进行计划、分类，并制作相应的图表符号；②现场观察，对行为类型进行补充；③计划观察的间隔时间，通常为每

① 行为地图（Behavioral Mapping），是标有使用者多种行为具体位置的场所平面图，这些行为是在该场所中在一定时间内经常发生的。通过行为地图的方法汇集大量观察实录，可用以研究行为的规律。把场所实际使用情况与原设想的情况加以比较，有助于调整改造旧场所和设计类似的新场所。

3 ～ 10min 观察并记录一次；④准备一张平面图，并列出行为的分类标记以便查询，且在平面图中划分出合理的方格网以便物体定位。

观察实施计划如下：

①先观察静止行为，再观察动态行为；先观察正常行为，再考虑异常行为。

②行为地图上应该标记行为、行为主体信息（年龄、性别等）、行为发生的空间、行动的频率、行为的持续实践、行为与设计的关系、具体时间及天气。

③行迹分析图与静态行为分别记录，并利用叠图法对其进行综合评估。

④记下评价者对现场的评论。

⑤结合医院高峰、非高峰时段、工作日及节假日指定调研时间。

⑥在观测地点附近寻找最佳位置，以便观测不受干扰。

⑦完成观测之后，应当详细记录周边的各种信息，包括入口、通行方式、周边建筑物的状态等，用于考虑医院潜在的使用者。

（2）间隔时间观察照片

采用照片间隔时间取样技术，可以有效地模拟系统观察，在开始操作之前，需要先确定所需的内容和拍摄角度；然后在高峰时期进行拍摄；同时，确保良好的天气条件和充足的光线，并且控制拍摄视场；有条件时可以让几个人同时从多个角度进行拍摄。最终，通过分析照片数据，统计出相关人群的行为模式，并计算出其发生的频率。

2）观察范围分析

一般来说，评估的主要内容包括：个人的行为、环境的选择、社会的活动等。在评估研究中，需要关注的是与评估概念有关的行为，这些行为可能包括正确使用空间，也可能包括错误使用和不满意使用。

通过观察场所的使用情况，可以更好地了解它的特性，包括它的出现时机、持续时间、使用频率、受众、使用方式、原因、布局、设施等。这样，就可以更好地理解场所的功能，并有效地利用它；同时，人们的活动往往还会受到当地文化和社区习俗的影响；除了确定受众的时间、地点以及活动形式，还必须考虑活动内容和道具的选择，以便更好地评估环境对此类行为的适应性。

在设计和评估行为分类时，应当从三个不同的角度进行全面的考量（表7-16）。

观察要素分类

表 7-16

个人活动行为	人群活动	场所使用方式
行走	挂号	座椅的布局
吃饭、喝水	交费	家具的布局
站（驻足）	候诊	空间布局的现状
小坐（休息）	拿药	—
打电话、吸烟	—	—
交谈（聊天）	—	—

资料来源：作者自绘。

3）观察方案设计

"时间取样"是一个关键环节，任何观察只能包括一个时间段，正确的时间安排则直接影响到观察结果的成败，因此时间取样应：

（1）在人流量较大的时间段内安排观测，以提高效率。

（2）一般 20min 会有一个疲劳期，因此观察时间段应该控制在 5 ~ 10min。

（3）在周末和工作日，都需要进行时间抽样。

（4）关注环境的变化，室内如照度、温度和噪声水平的变化均会对行为产生影响。

4）评价质量提升

对于观察结果质量的提升可以从两个方面入手。

（1）增加观测可靠性

重点关注如何确保行为的准确性。在进行行为取样时，应确保与研究主题相一致，否则可能会发现许多无关的信息。两个因素会影响观察的可靠性：①观察者之间的相似度；②在不同的时间段内，观察者的一致性如何。如果行为分类的可靠性较高，那么通过结构观察就能够有效地解决这两个棘手的问题。

提升可靠性的方式：一是定期进行检查，以确保数据的准确性；二是扩大观测范围，并且更多地挑选经过专业培训的观测者；三是确保对行为的分类明确，以便更好地理解；四是密切关注周围环境发生的变化。

（2）改善观测效果

设计内容对效率有很大影响。可以说，以行为作为准则来进行研究会大大提高结果的可靠性。除了"反应"的水平、观测者的主观性以及他们的视觉敏锐性、专业素养等因素，还会对内部效果产生影响。

在复杂的建筑环境中采用观察法具有独特的优势，但它仍然存在局限性，即无法充分反映出使用者的心理需求和态度，仅仅停留在表面现象上，无法准确地反映出环境对行为的影响。因此，这种方式必须与结构性问卷相结合，才能真正做到相对客观地研究和分析。

7.3.4 建构动态评估辅助知识库

最后，针对单个项目建立系统性评价是远远不够的，只有借助信息化手段，将评价的项目组建成一个辅助知识库平台，通过整合现有医疗建筑实态与评估的信息，结合辅助知识库工具，构建一个完善的信息化知识库平台，才能更好地满足社会发展的需求。另外，通过利用知识库平台，可以更好地评估既有医疗建筑的实态，从而提高医疗建筑的质量和合理性。在本小结中，将从基础设计、目标设定、整体架构、功能模块和运行设计五个方面，深入探讨辅助知识库平台的构建过程。

1. 知识库构建的基础

1）形成数据基础

需要对评价的项目信息通过统计分析、层级化和专家评议等方法，对其实态进行系统化的评估，整合出多个评估条件，才能成为大量数据和信息的基础，为建立完善的实态评估辅助知识库提供了依据（图7-3）。

因此，在项目前期实态调查和评估中，收集文献、现场观察和记录以及各种图像、文字和对比表格等数据，保证数据的丰富性是必要的。基于大量实地考察、研究和评估分析的数据，才可以构建一个完整的数据关联框架，并利用计算机技术将各种形式的信息转换成数字化的内容，从而构建一个完善的数字化知识库系统。

2）实现途径

随着数字化技术的不断进步，以及信息网络的广泛应用，为构建现代社会的医

| 信息采集 | a 标准规范梳理 | b 设计图纸统计 | c 建筑基本信息 | d 问卷调查 | e 行为地图观察 | f 现场照片间隔时间观察 | 其他 |

原始数据库

| 评价条件整合 | 标准规范梳理与设计图纸统计对照整合 | 建筑基本信息与设计图纸统计对照整合 | 问卷调查整合 | 行为地图观察与照片间隔时间观察对照整合 | 问卷调查、行为地图观察与现场照片间隔时间观察对照整合 | 其他 |

| 各项评估 | 高效性 | 健康性 | 安全性 | 舒适性 | 可持续性 | 其他 |

知识库

图 7-3　实态评估辅助知识库
（资料来源：作者自绘）

疗建筑知识库提供了强大的技术支持与基础保障。使用 sql server [1]，通过 Web 浏览器作为统一的展示平台，可以实现数据、逻辑和显示三层的有效架构。

数据层为后台系统的核心部分，其主要负责收集、保存、分析、处理大量的数据，实现对这些数据的实时监控、及时调整与反馈；逻辑层则是图像处理系统的核心部分，负责推导和解决图像中的数据，并且在接收和传递图像信息的过程中，还会将信息转换为可执行的指令；显示层则是为使用者提供了一个便捷的界面，让他们能够轻松地搜寻、输入、创建和更新信息。三个层次的信息传输过程构成了一个完整的指令和反馈机制。在本书中，由于专业领域的限制，只能提供本专业的数据和信息，旨在建立一个基于计算机专业知识的数据处理系统，但不作为本书的重点讨论内容。

① sql server 是由微软公司（Microsoft）开发的关系型数据库（RDBMS）。

3）政策支持

伴随着国家 2015 年发布《国务院关于积极推进"互联网+"行动的指导意见》（国发 [2015]40 号），各行业正在积极推进信息化，并且利用互联网技术来推动传统行业的转型升级，以实现更加可持续的发展。通过互联网技术，可以建立一个灵活、便捷、高效的信息交流平台，这有助于提升医疗建筑的品质，并为其信息化发展提供基础。

2. 知识库的整体架构逻辑

1）总体知识库框架

通过对医疗建筑的全面评估，将以横向轴线为基础，通过评价对象的四个方面及其在竖向轴线上的四个步骤共同组织出一个完善的知识库架构，以期达到完善医疗建筑设计的目的。每个部分都有自己独立的内容，并且逐步深入。知识库的结构由多个独立的、相互关联的集合组成，形成一个完整的知识网络。框架以医疗街为例，见图 7-4。

2）医疗街部分的知识库架构

本研究以图 7-4 所示为框架，结合标准规范梳理、设计图纸统计、问卷调查、现场实地观察以及多方位的信息，构建出适应当下的完整评估条件体系，以更好地反映当前医疗街的状况。通过建立一个知识库系统，可以更好地理解数据之间的关联。

图 7-5 表达了主体建筑部分实态与评估体系的数据类型，主要包含两大部分：该图上半部分层级由高到低，反映了医疗街部分的层级关系，图中列出了对医疗街进行实态评估的基本条目；该图的下半部分是对上半部分各项进行评估所对应的内容，反映知识库的内部数据信息。两大部分之间存在的对应关系，构成了知识库的系统结构。

由图 7-5 可见，知识库最基本的数据和信息是实态调研梳理与评估条件整合。虽然总体上，大型综合医院的医疗街设计有较多的相似性，但各个地区不同规范之下仍存在一些差异，因而对于数据库按照不同地区划分也是十分必要的。这需要对各个地区的医疗街模式下的大型综合医院进行翔实的实态调查与分析研究，在此过程中，实态调研的方法以及评估条件整合的方法都会随着实际情况进行动态调整。

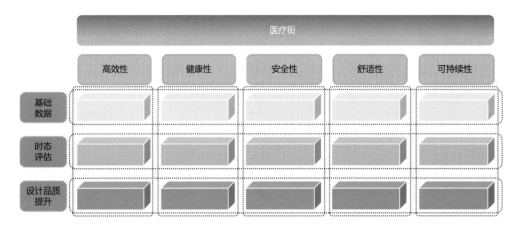

图 7-4 总体知识库框架
（资料来源：作者自绘）

图 7-5 医疗街高效性部分实态与评估的知识库系统框架
（资料来源：作者自绘）

8

医疗街设计优化
策略及未来展望

8.1 医疗街设计优化策略

8.1.1 功能布局优化策略

综合性医院的医疗服务包括急诊、护理、住院等多个功能，并通过各功能的协作来实现。通过加强医疗街的综合管理和结构组织，可以有效地改善医疗服务的运行效率和质量。

1. 采用大集中、小分散的方式对医院功能进行整合

为充分利用土地资源，医疗街采取大集中、小分散的布局结构，实现医院功能的有效整合和优化。这种布局的特点就是在集中的前提下实现小的分散。集中是为了实现资源高效整合、简化流线，分散是为了让内部空间可以独立运行，避免相互干扰，并且可以获得更优质的自然环境。

2. 根据医疗流程的转变进行功能布局关系的梳理

综合医院的设计与运营必须紧跟当今医疗流程的发展需求，以便更好地实现功能组织布局。随着科技的发展，综合医院已拥有更加先进的检查和治疗技术，这必然伴随着更多的检查和治疗设备，医技部门的面积也随之增加，医疗流程也随之发生转变（挂号、候诊、就诊、交费、检查、复诊、收费、取药）。因此，通过良好的布局协调，建立医技部与其他部门的良性互动，是现代综合医院的重要发展方向。经

过前文分析可知，门诊部和住院部对医技部均有需求，但两个部门因使用人群不同，使用需求存在独特性，因此在医疗街设计中，应考虑三者的关系，使其高效连接的同时采取空间隔离措施，减少各部门往返路程，提高医疗服务效率的同时，保持各部分的独立运营，以满足不同人群的需求。

3. 根据不同医院的服务内容适当调整医疗部门间距

大型综合医院在保持功能组团结构独立性的同时，应根据自身实际情况与定位进行选择性调整。常规的综合医院门诊与医技应保持较好的联系，尽量缩短两者之间的距离。但如果像上文提到的郑州大学第一附属医院（郑东院区），其在设立之初便被定位为康复性疗养基地，医疗服务对象中有很大一部分是常年住院、疗养的患者，那么增强住院部与医技部之间的联系在这个项目中便显得更为重要。

8.1.2 交通流线优化策略

1. 设置多个医疗街出入口

相较于通过单一入口进入门诊大厅，门诊大厅进入医疗街再分散到各个科室的流线来说，在医疗街设置多个入口有以下几点优势：

首先，可以充分利用场地资源，避免造成场地内靠近入口的地方人员拥挤，远离入口的人员稀少，造成场地利用的不平衡。

其次，提高医疗街的整体利用率，多个入口同样可以避免医疗街内空间使用的不平衡，医疗街的竖向交通枢纽也会被均衡地使用。

最后，就诊流程更加顺畅，避免路线的折返，可以有多个离开医院的路径（图8-1）。

2. 与外部交通实现无缝衔接
1）设置连接且紧凑的转换节点

外部车辆由城市进入院区再进入地下主干道，在主干道进行分流到达接驳区，人由

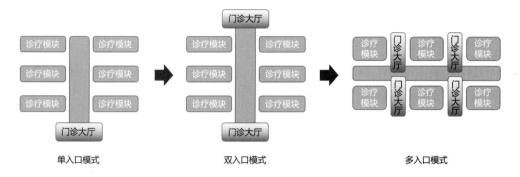

图 8-1　医疗街入口模式
（资料来源：作者自绘）

接驳区进入接驳大厅以汇聚人流，人流通过竖向交通系统进入地上空间。采用"地下道路""接驳区""接驳大厅""竖向交通体"的顺序进行节点连接，可以避免交通脱节与流程上的混乱；对节点间的距离进行控制，可以减少访客的步行时间，提升医院的运转效率。

2）与地下交通结构的耦合

医疗街作为医院交通的核心，加强地下空间与医疗街的联系，是实现内外交通无缝衔接的关键。主要有以下几种策略：

（1）将接驳大厅直接植入医疗街下部。

（2）医疗街向下扩展并与接驳大厅结合。

（3）接驳区应该设置在医疗街核心交通的最低处，以便让乘客可以迅速地通过垂直系统到达目的地。

（4）为了提高交通系统的灵活性，还应结合医疗街入口和交通设施设置次要的交通连接接驳区，以便在就诊高峰时段提供多种出行方向。

3. 与步行交通结构的耦合

在医疗街设计当中，院区整体步行系统也需要统筹进行考虑：

（1）建筑的外部通廊。经过实地考察发现，很多患者对医院的功能分区并不熟悉，导致他们在进入医院时会走错方向，甚至需要重新回到原来的路线。如果遇到下雨或炎热的天气，这将会非常不方便。建筑外部拥有一个连接各个出入口的无风雨连廊可以减轻天气对步行的影响，提高步行舒适度。

（2）主入口至建筑入口的通廊。构建一条从院区主入口通往各个建筑物的通道，既为游客提供舒适的步行体验，也可以起到指引作用，有效地防止游客在院前广场上的混乱活动。

（3）地铁站到建筑物的通道。由于公共交通的广泛应用，乘坐地铁前来看病的患者人数不断增加。建立地铁站到建筑的无风雨通廊可以使患者和其家庭成员便捷地往返于医院与地铁站之间，减少天气对于外出就诊的影响。

4. 竖向交通布局

毫无疑问，医疗街交通系统的高效与便捷是其最重要的需求之一，而竖向交通布局又是交通系统的重要组成部分。以下是竖向交通布局的三个设计原则。

1）30m 原则

"30m 原则"规定，竖向交通系统与其相关功能单元之间的步行距离最多不得超过 30m。调查结果显示，当患者在医院的门（急）诊走路超过 1min 时，他们就可能会感到焦虑和疲劳，并且降低交通的效率。根据患者的平均步行速度 0.5m/s，可以估算出，从竖向交通体到该层的每个功能单元的距离大约为 30m。在具体的设计中，竖向交通系统的布置不仅应充分考虑到在主入口和门厅周围使用，还应该充分考虑患者在不同层的不同科室往返的"层间竖向交通"。

2）通廊原则

"通廊原则"旨在建立交通节点之间的"视线通廊"，以便使用者能够清晰地辨认出不同位置的竖向交通枢纽，并且能够根据需要选择最合适的交通方式。在"通廊"的设计中，在避免通廊中间实物遮挡的同时也要尽量减少由于功能布局而导致的拥堵

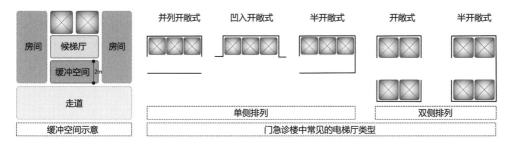

图 8-2　电梯厅布置
（资料来源：作者自绘）

和排队。前者容易出现在"直线形"的布局中，由于电梯位于步行梯的正后面，使得从入口节点到电梯节点的视线通廊受到了限制；而候诊常出现在"T字形"的布局中，即使没有任何遮挡，从主入口到电梯间的入口仍有排队的人流，由此造成视野上的阻断。

3）2m 原则

"2m 原则"旨在于竖向交通枢纽出入口处设置扩大集散空间，使其能够满足 2m 以内的乘客流量需求。

竖向的交通枢纽（如候梯厅和自动扶梯）的出入口一般都有 1.5m 的宽度，能够容纳两个人同时进出，但当人员拥挤时，人们通常会排成 3 ~ 4 个人的队伍，深度至少 2m。在具体设计中，最佳的方案便是利用建筑物的半围合形成 2m 深的凹形空间。如若无法通过建筑实体空间实现，则可以将交通出入口与水平交通空间结合，共同构成满足条件的缓冲空间（图 8-2）。

8.1.3 空间组织优化策略

1. 对水平交通组织层次化分级

研究发现，拥有明确交通层次结构的水平交通系统能够更好地满足患者的就诊需求，提升交通的流畅度。首先可以通过增加空间尺度对比来构造出空间的层次感，然后再运用颜色、材质和装饰等方式来增强各个层次交通的视觉差异。但在划分层次时，也应该保持系统的一致性，以实现整体的协调，而不是仅仅追求层次的清晰，导致整体失控的情况。常用的医疗街层次主要分为主干道、次干道和小巷三个层级，这与城市街道是极其相似的。

2. 建立空间主次关系策略

1）增加走廊的通透性与视觉参考性

医院使用者在医疗街寻路的过程是对环境不断认知的过程，其通过建立视觉联系才能准确地辨识自己的位置。人们在建筑外廊中往往会拥有比室内更强的方位感，这是因为人们可以通过视觉捕捉环境的变化，因此增加医疗街内部的通透性与空间参考性是建立空间可识别性的关键。

2）突出等级相同走廊的视觉识别性

在线型空间组织模式的医院建筑中，由于等级相同的走廊较多，路径选择复杂，转弯次数较多，因此可以用设计的手法对其进行差异化设计。主要手法可以利用光线（灯光、自然光等）、空间形态、地面及墙面的材质与肌理以及涂料色彩等方面进行同等级走廊的差异化设计，同时也可采用给目的地命名或编码的方式，增强走廊的识别性。

3. 空间边界优化策略

1）选择合理的界定方式

边界可以根据其阻挡方式分为刚性和柔性两种，刚性界面不仅会让视觉受到阻碍，还会让行走受到阻碍；使用柔性界面，使用者的视线和行为均可轻松地进入或退出。一般各科室的公共候诊区与医疗街公共交通空间会采用柔性界面，医技部分与医疗街公共交通空间会采用刚性界面。通过合理的边界设计，不仅可以减少空间的复杂性，还能够增强医院空间的可视性和可感知性，从多个方面改善使用者的寻路体验。

2）柔性界面的设计策略

为了满足柔性界面的设计需求，应结合一些建筑装饰的技巧，例如墙壁、顶棚、灯光和颜色。这样，既能够创造出美观的空间，又能够帮助人们找到所需的信息。通过这种方式，能够更好地区分不同的空间特征，减轻患者在就诊过程中的迷茫。

4. 塑造区域特征策略

1）设立可识别性主题单元

通过设置具有鲜明特征的主题单元，使得医院公共空间具有一定的视觉冲击力，从而营造出独特的氛围。通过改变建筑物的外观、满足医院患者的需求以及采用适当的装饰，可以创造出一个具有独特空间感的区域环境。通过区域主题单元的可识别性，人们能够更加清晰、准确地认知和辨认出它们。在儿科门诊区域，应该给孩子们提供一个充满活力的环境，让他们能够体验到童真的快乐，并且能够和周围的环境形成鲜明的对比，从而提升整体的辨认度。

2）塑造中心节点区域感

大型综合医院的就诊过程往往是复杂且持久的，医疗街当中往往拥有不同层级的中心节点空间，它们所形成的区域感能够使得患者更加清晰地把握空间的整体结构与脉络，让患者感受到清晰的结构，从而使其更加顺畅地找到就诊地点。

3）根据空间属性进行区域营造

针对医疗街当中公共空间不同的功能属性进行空间层次区分，按照医院使用者的就诊行为与活动类型，可分为门诊大厅、公共交通区域和候诊区等。利用不同的空间属性和行为特征，结合建筑装饰，可以创造出独特的区域感，并形成一种特定的空间关系，从而增强医院公共空间的可识别性。

5. 塑造空间标志物策略

1）医院建筑中标志物的营造手法

医院当中标志物的设计可以采用很多手法。其中任何一种能够让患者在寻找医院时留下深刻印象的手法都可以成为标志物的设计方法之一。在门诊大厅里，一架钢琴、一座雕塑、精心设计的空间布局、精致的材料选择以及精美的室内装饰和景观小品，都彰显着独特的魅力。

2）加强标志物的视线承接性

鉴于大型综合医院的规模庞大，仅凭一个标志物很难将其完美地融入整体环境，因此，应当根据实际情况合理安排标志物的数量，以确保标志物之间的连接性，以便从一个地标处可以清晰地看到另一个地标的存在。除连接性之外，保持标志物的丰富性，可以通过细节的变化引发使用者更多的观察与思考。

3）加强标志物的可识别性

标志物的设计需精心筛选，在保持独特外观的同时，还要给人以强烈的视觉冲击力。为了提高标志物的可识别度，一般采取两种措施：其一是给予标志物明确的方向性，让使用者在就诊过程中能够清楚感知自身位置的变化。其二是通过将内部标识物与周围的环境相结合，加强标志物的可参考性。

6. 加强节点可达性

1）节点空间的分级与分类设计

节点空间的层级及类型会对寻路产生影响，为确保寻路的准确性和可靠性，首先节点按照大节点和小节点进行划分，其次再根据其内部结构与功能进行进一步划分，例如门厅空间既需要满足实际功能需求，又需要具有良好的视觉效果。合理调控空间节点的层级，调节节点之间的关系，保持节点之间行为与视觉的双重可达性，最终使得节点空间具有节奏感和连续性。

2）增强路径交叉口节点的空间意象特征

在医院的就诊过程中，交叉口节点被视为选择路线的关键区域，只有在这些关键的交叉口处作出明智的决策才能寻路成功。通过增强空间意象特征可以有效地改善路线的选择，具体手法包括：其一是增加与交叉口相关的元素；其二是采用开放的公共节点空间，也就是上一个交通层级向下一个交通层级过渡的节点，尽可能地利用开放的较大型的节点空间，便于使用者拥有良好的空间感知，利于在交叉路口处作出路径选择。

3）强化中心节点的可达性与意象特征

医院中的中心节点通常包括通高中庭、门诊大厅和竖向交通节点，都是为了满足医院使用者的需求而设计的重要区域。

其一是中庭，其作为人流集散重要的公共空间，为医院的患者提供了便捷的就诊体验，不仅可以增强就诊流程的层级性与中心性，还可以让空间结构更加清晰。中厅的意象特征对于医院使用者来说非常重要，它能够帮助他们更好地理解和记住这个区域，从而提高他们在寻找治疗单元时的效率。通常采用的措施有，在空间中使用标志物、改变中厅空间形态和屋顶形式、设置具有鲜明导向的标志物等。

其二是门诊大厅，是医疗服务的核心，它不仅提供挂号、分诊和取药等多种服务，又是患者就诊寻路、认知空间的开始，因此必须确保它的可视性和便捷性，设计中需要考虑建筑的整体布局、空间开放性与装饰风格等。

其三是竖向交通节点，其在医院中扮演着重要角色，它为各个科室之间提供了便捷的连接。为了提升竖向交通节点空间的可达性和意向性，应该采用开放式的空间布局、独具匠心的外观、多样化的材料选择，从而使它们更有效地指引行人。

8.1.4 寻路导向优化策略

1. 导航系统清晰

1）融入医院使用者的就诊流程设计

医院使用者的寻路具有流程性，而常规的导航系统是点对点的，因此如果在常规的导航系统中融入针对性的流程导航指导，使得医院使用者可以在整个就诊周期内使用导航系统，可以有效地缓解医院使用者在寻路过程中出现的迷路现象。

2）增加导航系统路径提示与空间元素的关联性

减少如"前行 150m 左转"等缺乏具体感知性的提示语言，加强公共空间中的空间意向性元素，并将其纳入路径导航提示中，比如"行至前方门诊大厅电梯（或导诊台等）处第一个走廊左拐"，这样就能够更好地帮助患者理解和掌握医院的空间信息。

3）使导航系统延续至院区

城市和医院建筑内部随着技术的发展都可以安装导航系统，以满足不同层次患者的需求。尤其是大型综合医院，医院内部的导航系统可以帮助患者高效就诊，但导航应该延续到院区内部，并且应该关注其与城市导航系统的兼容性，以确保医院使用者在不同的交通方式和院区入口处都能够轻松使用这一系统。

4）增设老年人导航设施

由于老年人的生活习惯和身体状况的不同，他们很难使用这种系统，从而导致了医院建筑中重要的使用人群与导航系统的脱节，我们发现老年人很少使用导航系统，因此增加专门针对老年人的导航设备和仪器，以扩大导航系统的应用范围是有必要的。

2. 标识系统清晰

标识系统是医院寻路中最常用的辅助系统，它能够最直观地指引患者的方向，并且能够有效地帮助患者在复杂环境中快速找到目的地。

1）医院标识三级系统的建立与完善

标识系统具有三个层级，因此在医院的整体交通规划中，也应对三级系统进行完善。三级系统具体是指"预告""指路"和"确认"，"预告"是指门诊大厅导视图，在使用者进入门诊大厅之后便预先告知他们如何到达想去的科室；"指路"是指在就诊过程中不断提供引导的标识；"确认"是指当医院使用者抵达指定科室时，在门口悬挂科室名称、标识，以便进行确认。三级标识系统应保证寻路的流畅性。

2）标识系统的认知便捷化设计

设计标识系统时应该注重便捷性，便捷性包括两个方面：一是简化图形设计来实现，用"上前下后"取代"上北下南"的导航界面，并匹配相应的指南针；二是提高文字易懂性，避免如"医技部"之类的专业词汇，以便医院使用者理解。

3. 人工导医系统清晰

虽然人工导医指引是医院使用者在就诊过程最便捷的寻路方式，但频繁出现的指路现象不仅体现出寻路系统的不完善，也给工作人员造成精力消耗。因此，针对服务流程的优化有以下几点策略：

首先是增强路径描述与空间意象元素的相关性，比如将路径 + 节点叠加描述；为了提高工作人员对公共空间中空间意象元素的理解，将对他们进行简单培训，让他们能够更好地将空间意象元素融入路径描述中，避免出现尺度不清晰或描述不准确的情况。

其次是要在合理的地点设导医台，如在门诊大厅入口处设立导诊台，可以更好地帮助患者解决迷路问题。

8.1.5 环境营造优化策略

1. 声环境

优化噪声控制的关键在于减少人员聚集，重点关注隔声处理，以提高空间的安静度和舒适性。

1）减少人员聚集

为提高医疗效率，可以将医疗街内的挂号与咨询区分层布置。这样可以让人们更方便地进入不同的楼层，减少拥挤。此外，在主街和巷道的交叉口处增设明显的标识，以便快速引导人群，避免他们停留；为减少人们在门诊大厅的拥挤和逗留，应该提供更多的休息区域。

2）重点处理通高空间

为减少噪声，医疗街的中庭空间可以通过控制高度来控制声音反射；此外，可以通过设置植物绿化吸声，同时改善空间的视觉效果；还可采用半室外的医疗街形式，将室内与室外环境有机融合，减少噪声干扰，营造出宁静而舒适的医疗空间。

3）加强隔声吸声处理

医院里设备的噪声以及人们的讲话声、行走的杂声是非常常见的，可使用吸声材料来覆盖顶部、墙壁和地面。为了减少声音反射，人群聚集处应使用柔软的地面材料，如橡胶垫，并选择多孔的木质墙壁材料。此外，还可以使用吸声板或吸声涂料来增强顶棚的隔声效果。

2. 光环境

为了提高医疗街的自然采光和通风，通常在医疗街顶部和两侧的区域设采光窗。

1）顶界面优化

将医疗街的门诊大厅和中庭的顶棚采用大面积的玻璃窗，实现自然采光。

2）侧界面优化

医疗街在内部设置庭院，不仅能带来空气的流动，还能营造出一种宁静而优雅的景观环境。

3. 热环境

为提高医疗街的热环境效率，建议使用保温隔热的材料，例如软质织物、木材、墙壁、玻璃和其他室内装饰品。同时，根据当地气候设置天井、庭院等。

4. 室内装饰装修

1）选用与自然相关的主题，避免选择抽象、晦暗的艺术品

相比起其他主题的艺术作品，以自然为主题的作品更容易被大众所接受。在欧·亨利[①]的《最后一片叶子》中，画家贝尔曼用自己的生命来描绘出一片叶子，这片叶子给患有肺炎的琼珊带来了奇迹般的治愈。在自然主题的艺术作品中，

① 欧·亨利（O.Henry，1862年9月11日—1910年6月5日），原名威廉·西德尼·波特，出生于美国北卡罗来纳州格林斯伯勒，美国著名批判现实主义作家，曼哈顿桂冠散文作家和美国现代短篇小说之父。

美丽的风光、生机勃勃的动物和植物，也许能够激发人们对过去的回忆。

2）可供医患参与的艺术

参与医院环境艺术建设，对于患者而言，在发挥创意的同时，也可以体会其间的欢乐及自信。对于医护而言，富有艺术氛围的工作环境可以提高其幸福感和归属感，从而使患者和医院受益。除美国圣卢克医疗中心发起的"Art-cart"运动，让住院病人为自己的病房挑选挂画的环境艺术疗愈项目外，很多医院也推出了一系列医患可以参与的艺术活动，为病人提供参与创作的机会。另外，艺术装饰和医疗空间的融合可以培养出一批拥有敏锐的思维、客观分析病情、能够深入了解患者需求、并能够准确把握患者心理的专业医护人员。

8.1.6　服务设施优化策略

无障碍设施：

（1）设置导盲带，采用符合全国统一标准的、具有独特纹理的铺装材料，其宽度达 400cm，从医院入口处一路延伸至一层门厅服务台，以确保患者的安全。

（2）设置特殊斜坡、电梯，可以为残疾人提供更多的出入医院的机会，使他们能够轻松地进入医院的公共区域。

（3）电梯按键高度，要考虑到轮椅乘客的需求，并且按键上应该有官方文字提示，每到一层都有语音提示，这样既方便了盲人乘客，也提高了所有乘客的安全性。

（4）残疾人专用休息区，应设置于候诊区和门诊大厅，为坐在轮椅上的残疾人提供舒适的休息环境。

（5）安装反光镜，让乘客能够更加清晰地看到自身的位置；设置没有标高变化及设有扶手厕位的卫生间等。这些细微的设计能够为人们带来温暖的感受。

8.2 医疗街设计的展望

8.2.1 理念革新

1. 从重症治疗到老龄化保健

随着人口老龄化趋势的发展,医疗设施从针对30岁的"标准人"的急性病症的治疗,逐渐转化为面对多样人群的治疗保健要求,尤其是老年人的医疗需求,在医院的设计中一些针对老年人和自理不便的人的设计要求将逐渐成为当代医养建筑发展的重点。

同时,从20世纪60年代中期人们就开始认识到,不论在什么社会、文化或是经济背景下,老年人中总有一定比例的人需要一种长期的、持续性的医疗保健服务,这种服务不是通常意义下的医院能够做到的,只有专门的机构来提供这样的服务才更有效率。

中国正面临着巨大的挑战,一个年轻的家庭将负担四个或更多的老人,这使得传统的家庭护理模式无法得到有效的发展。因此,为确保老年人的身心健康,社会应当提供全面的医疗保健服务,以满足他们的基本需求。医疗街作为医疗建筑中重要的交通空间和公共空间,其设计需要满足老龄化的特殊需求。

2. 从工业设计到循证设计

工业化生产作为一个复杂的线性过程,从设计到中试再到大规模生产，是通过用后反馈来实现下一个设计生产过程的优化。然而，对于反馈的精确性，由于信息不完整，是无法得到保障的。

随着"循证医学"（Evidence Based Midicine，EBM）的出现，西方医学界开始重视以精确的数据来支撑治疗决策的重要性。循证医学旨在通过对病人的临床研究来制订最佳治疗方案，并将个体临床经验与之相结合，从而实现更加有效的治疗。

这个定义看似简单，但要真正理解它却是一项挑战。医学界一直以来都非常重视权威专家的学识和经验，由专家组成的团队凭借其丰富的知识来提出最佳治疗方案。循证医学的独特之处在于，它不再受医学权威的影响，不受传统习俗的束缚，而是坚持以统计学和研究方法学的客观标准来评估任何临床知识的可靠性，这是一种革新的做法，它要求医生以"统一、单一"的标准来衡量知识的可靠性，并且要求他们遵循实践。当今世界循证医学已成为一种重要的医疗教育模型。

未来的医疗建筑在强调科学性的同时，更加强调人文关怀，医疗街作为医院的核心交通空间及公共空间，更加重视人文化的设计理念贯彻，循证设计的方法不仅不会阻碍其人文设计的理念表达，还会有效促进科学性与人文性更好地融合：

第一，循证设计出现之前，建筑师常常利用"直觉"进行建筑设计。循证设计本身便强调了科学与艺术的融合，注重科学研究的重要性，从而提升建筑设计的质量。

第二，循证设计强调"证据"的随机性，材料必须全面而具有代表性。过去似乎已经得到验证的简单调查与案例，在循证设计看来它们的可靠性也有待评估。

第三，循证设计的理念可以说是医疗建筑设计"规范"的一面，人本主义则是"开放"的一面。"人本主义"是以使用者为出发点，而"循证设计"的理念同样强调使用者的用后反馈，这种反馈可以帮助我们设计出更符合使用者需求的建筑。

3. 注重在地人文

芒福德[①]在《城市文化》与《历史的城市》中强调，城市当中各种活动，如艺术、政治、教育、商业等都可以为"社会活动剧场中的社会剧"增添色彩，让它变得更加生动有趣。医疗建筑的发展也是如此，医疗建筑的未来在满足其功能需求的同时，应更加注重其文化价值和人文意义。随着时代的进步，医疗建筑已经不再是孤立于城市生活的一个孤岛，而是融入到城市生活的各个方面，它们的发展也正在不断地推动着城镇化和社区化的进程。医疗街的设计在追求实用性的同时，也注重对患者的人文关怀。

传统的医疗建筑与城市环境是相互分离的，一方面医院适用人群认为周边环境会干扰医疗建筑的正常运行，另一方面城市当中的人群认为医疗建筑当中的病菌、污染会对城市造成影响。因此，医疗建筑与周边环境形成了一个较为消极的界面。

但随着技术的进步和人们对于疾病观念的转变，城市与医疗建筑之间明确的界限也会逐渐消失，多元化医疗体制的推行也让医疗建筑进入到城市的各个角落，医疗设施也与各类建筑产生各种互动，形成了一种和谐共存的状态。

医疗街也不再仅仅是一个交通疏散空间，而是应该实现真正的城市服务，营造出"街道"般的环境和气氛，以满足高品质的医疗环境需求。

8.2.2　模式革新

1. 将医疗街模式延伸至医院整体规划中

医疗街除交通功能之外，还为患者及家属提供了舒适

① 刘易斯·芒福德，美国社会哲学家，写过很多建筑和城市规划方面的著作，极力主张科技社会同个人发展及地区文化上的企望必须协调一致。1943 年受封为英帝国爵士，获英帝国勋章。1964 年获美国自由勋章。

的就诊环境，创造了好的交流空间与治愈空间，因此将医疗街的人性化设计理念贯彻到整体的医院规划中是必要的。

将两个护理单元连接起来，连接区域与电梯厅相结合，建立住院医疗街，为患者和家属提供一个互相交流的空间，让他们能够感受到轻松的医院氛围。

随着大型综合医院的发展，医院整体布局中单一集中的模式正在被多核分散的模式所取代，单一建筑正向由若干医疗部门组成的综合建筑群转变。各单体功能相对独立，连接单体的连廊在满足交通需求的同时，还应该为患者及其家人提供更多的舒适性、便利性，同时还可以与周围的环境相融合。

2. 面向城市的医疗街设计

传统医院采用层级化的设计方法组织外部复杂的医疗流线，这种设计策略会导致城市与医院形成清晰的空间边界。在物理空间非常局促的都市型医院语境下，这种边界会打破医院与城市之间的空间平衡，因此内外空间的差异性，消除建筑与城市的边界，让医疗建筑建立与城市深度融合的空间结构，将会是未来一个重要的发展趋势。

如今大规模的医院所蕴含的城市性要求医院不能仅关注医院建筑的外在表现，更应该聚焦于空间的内在本质。前文提到的香港大学深圳医院于 2019 年计划扩建1000 张床，设计在延续原有网络化的逻辑基础上将城市街区的空间结构"内化"进医院，即主街继续延展医疗资源，赋予并强化次街商业属性。在都市语境下，香港大学深圳医院内部的城市性特质与外部的城市公共空间形成良好的互馈：网络化的医疗街区满足超大规模医院多中心的功能诉求；多节点的街道与城市形成若干"接口"，实现医院与城市高效率的物理交换。内外同构的设计策略使都市生活场景在医院里被充分诠释，更加贴近城市日常生活，真正打破医院与城市之间无形的围墙，医院不仅是治疗身体的空间，更是以日常的方式疗愈心灵的场所。与城市保持密切链接，消除城市与医疗建筑存在的固有隔阂，将会是医疗街发展的一种重要趋势。

8.2.3 设计革新

1. 去中心化空间

技术高速发展的大背景下，一部分传统线下诊疗的中心性空间将会转移至线上，取而代之的是线上诊疗、远程手术、智慧康养、家庭会诊等多种线上诊疗方式。由此一来，会对传统医院的空间类型产生新的革新，建设新型的诊疗空间即"去中心化就诊空间类型"也是趋势。此外，由于高速互联技术具有低延迟、高速稳定的特点，已成为线上会诊空间数据稳定传输、空间联通的最优选择之一。这些技术在未来可分担大部分的医技诊疗工作，有效缓解医疗资源分配不均，提高就诊效率。但另一方面，对医院本身功能的定位及配比也会产生较大的影响，作为医院公共空间及交通空间的医疗街也将会在这种"去中心化"的趋势下发生变化。

2. 智慧化空间

智慧医院旨在有效地配置和分配医疗资源，为患者提供更加优质的医疗服务。智慧医院的建筑设计受到多种因素的影响，其中包括人为布局和空间布置。智慧化医院的实现不仅仅依赖于数字化设备的应用，而且还包括建筑、信息、医疗等多个领域的融合，从而构建出完善的智慧医院。它不仅包括智能化服务系统、智能化设备配套、建筑设备监控系统，还包括网络、功能、软件界面的整合，这些都是新型综合医院的关键组成部分，其规划设计的复杂性以及与土建施工的紧密结合，都将对其未来发展产生深远的影响。

随着智慧化技术的不断发展，越来越多的医院信息系统都将建立在医疗街的基础上，这些系统不仅可以帮助提升医疗服务的效率，还能够为患者提供更加便捷的服务。医院的数字化显示系统可为患者提供便捷的服务，包括宣传、科室和医生介绍、窗口展示、排队等信息。此外，还设有自助查询功能，如预约挂号、缴费、报告打印等，以及语音提醒功能，如排队叫号和背景音乐。

3. 疗愈空间

谈及疗愈环境，可以从国外医疗机构的发展历程来看，这些机构可以追溯到古老的宗教建筑，人们在这里寻求诊断和治疗，并在这里感受神的安慰，获得心灵的支撑。同样地，中国传统中医学理论也深谙利用自然资源和环境来调节人体内部的平衡，从而形成了一种有效的治疗机制，并取得了丰硕的临床治疗成果。在中医理论中，强调人类和自然之间的协调配合，彼此影响，这种启蒙思想具有一定的实践性，但现代医疗建筑更加注重环境的改善，不仅仅局限于实体，而且还包括空间、物质、艺术、自然等因素。建筑不仅是一种疗养手段，更是一种发展的必要条件，它不仅可以治疗疾病，更可以帮助人们调节心理状态，为他们提供一个安全、舒适的环境。

"疗愈环境"的设计旨在提供身体、心理和精神上的健康，更加注重环境的功能性、流线性和无污染性，以达到身心双重康复的目的。

医疗街是一个广泛应用于大型综合医院的公共空间，它承载着巨大的交通流量，其中混杂着患者、陪护家属、医护人员等各种人群，形成了一个利用率极高的空间。疗愈环境设计是医疗街重要的设计考虑因素。通过设置自然采光中庭和下沉庭院，以及引入艺术设施、安全设施，将有助于让患者心情愉悦，同时也能够体现出医疗建筑的高情感和人性化，从而满足医患人员的身心需求，使得整个医疗街更加舒适宜人。

参考文献

[1] 白鹏真. 基于 PDCA 的使用后评估（POE）方法研究 [D]. 重庆：重庆大学，2018.

[2] 白依鑫. 深圳市超大型综合医院院区规划设计研究 [D]. 深圳：深圳大学，2019.

[3] 班淇超，陈冰，格伦，等. 医疗建筑环境设计辅助工具与可持续评价标准的研究 [J]. 建筑学报，2016（11）：99-103.

[4] 本刊编辑策划部. 香港大学深圳医院：生态"医院城"变奏曲 [J]. 中国医院建筑与装备，2014（10）：26-47.

[5] 曾宪策. 岭南高校集约型教学建筑气候适应性设计策略研究 [D]. 广州：华南理工大学，2019.

[6] 陈冰，Michael Phiri, Grant Mills，等. 医院建筑设计策略及评估方法：英国 BREEAM 的启示 [J]. 建筑学报，2011（S2）：159-163.

[7] 陈建华，孙穗萍，林可枫，等. 空间句法视角下传统村镇公共空间使用后评价 [J]. 南方建筑，2022（4）：99-106.

[8] 陈洁. 浅析亚历山大《建筑模式语言》中的空间研究 [D]. 北京：清华大学，2007.

[9] 陈明昊. 大型综合医院医疗街设计研究 [D]. 济南：山东建筑大学，2021.

[10] 陈晓唐. 建筑师使用后评价方法及在博物馆的实践 [D]. 广州：华南理工大学，2016.

[11] 格伦，赵军帅. 综合医院立体交通设计研究：以浙江省台州恩泽医院为例 [J]. 中国医院建筑与装备，2016（4）：70-73.

[12] 格伦. 中国医院建筑思考：格伦访谈录 [M]. 北京：中国建筑工程出版社，2015.

[13] 郭强. 可拓建筑策划数据挖掘研究 [D]. 哈尔滨：哈尔滨工业大学，2019.

[14] 韩静. 对当代建筑策划方法论的研析与思考 [D]. 北京：清华大学，2005.

[15] 胡璐璐. 新建医院公共空间的使用后评估 (POE) 初探 [D]. 苏州：苏州大学，2015.

[16] 黄锡璆. 循证设计重在实践检验 [J]. 中国医院建筑与装备，2012，13（10）：51.

[17] 黄翼. 广州地区高校校园规划使用后评价及设计要素研究 [D]. 广州：华南

理工大学，2014.

[18] 黄银金. 大型综合医院"医疗街"概念导向下的设计新趋势研究 [D]. 杭州：浙江大学，2017.

[19] 姜贵. 大型医疗中心的模块化设计浅析 [D]. 南京：东南大学，2017.

[20] 雷梦燕. 广州大型综合医院门诊部医护空间的使用后评估及优化设计 [D]. 广州：华南理工大学，2019.

[21] 李敬. 基于空间质量评价的医院街模式大型综合医院公共空间设计策略研究 [D]. 广州：华南理工大学，2019.

[22] 李俊伟. 医院街模式下的综合医院设计形式研究 [D]. 泉州：华侨大学，2020.

[23] 李力. 大型综合医院医院街设计研究 [D]. 沈阳：沈阳建筑大学，2012.

[24] 李荣. 医院住院环境及其评价研究 [D]. 重庆：重庆大学，2008.

[25] 李炎. 综合医院重症监护单元（ICU）建筑用后评价标准研究 [D]. 北京：北京建筑大学，2014.

[26] 李郁葱，赫尔曼·纽克曼斯. 医院建筑的用后评估和性能评估：品质、效率、反馈和参与 [J]. 城市建筑，2009（7）：10-12.

[27] 梁思思. 建筑策划中的预评价与使用后评估的研究 [D]. 北京：清华大学，2006.

[28] 廖岳骏. 浅析香港大学深圳医院候诊空间的人性化设计 [J]. 华中建筑，2019，37（11）：45-48.

[29] 林世华. 大型医院住院楼综合效率评价研究 [D]. 重庆：重庆大学，2010.

[30] 刘成坤. 人口老龄化对产业结构升级的影响研究 [D]. 泉州：华侨大学，2019.

[31] 刘飞. 基于空间句法下门诊候诊空间研究 [D]. 合肥：合肥工业大学，2021.

[32] 刘磊，刘琛. 现代综合性医疗建筑中的引导空间体系研究 [J]. 泰州职业技术学院学报，2010，10（4）：78-80.

[33] 刘曦文. 综合医院门诊科室与医技部门位置关系研究 [D]. 南京：东南大学，2018.

[34] 刘潇. 基于行为模拟的保障性社区养老设施布局与使用活跃度关联性初探 [D]. 广州：华南理工大学，2020.

[35] 刘彦辰. 绿色办公建筑能耗和室内环境品质实测与评价研究 [D]. 北京：清华大学，2018.

[36] 刘玉龙. 中国近现代医疗建筑的演进 [D]. 北京：清华大学，2006.

[37] 刘云昭. 基于多因子评价方法的小城市建筑高度控制体系构建 [D]. 天津：天津大学，2016.

[38] 刘中行. 大型综合医院改扩建规划与设计 [J]. 中国医院建筑与装备，2015

（8）：70-71.

[39] 龙灏，张玛璐，马丽.大型综合医院门急诊楼竖向交通系统设计策略初探 [J].建筑学报，2016（2）：56-60.

[40] 罗力铭.紧缩用地条件下大型医院外部交通组织研究 [D].广州：华南理工大学，2020.

[41] 罗璇.综合医院住院部建筑用后评价标准研究 [D].北京：北京建筑大学，2014.

[42] 迈克尔·菲里，陈冰.医院建筑的可持续与循证设计 [M].北京：中国建筑工业出版社，2022.

[43] 孟建民，邢立华，侯军，等.香港大学深圳医院，广东，中国 [J].世界建筑，2016（10）：60-70.

[44] 孟建民.新医疗建筑的创作与实践 [M].北京：中国建筑工业出版社，2011.

[45] 裴峻.博物馆设计空间集成技术研究 [D].南京：东南大学，2017.

[46] 宋军勇.综合医院"医院街"设计研究 [D].天津：天津大学，2018.

[47] 苏实.从建筑策划的空间预测与评价到空间构想的系统方法研究 [D].北京：清华大学，2011.

[48] 孙加一.深圳市超大型综合医院急诊部设计研究 [D].深圳：深圳大学，2019.

[49] 孙晶晶.以人为本的现代康复景观"三元"设计论 [D].南京：东南大学，2021.

[50] 孙一民，黄祖坚.基于可持续营建理念的大型体育场馆建筑策划研究：以广东省江门市滨江体育中心为例 [J].新建筑，2021（3）：34-39.

[51] 汪平西.城市旧居住区更新的综合评价与规划路径研究 [D].南京：东南大学，2019.

[52] 王波.综合医院门诊部建筑用后评价体系研究 [D].北京：北京建筑工程学院，2012.

[53] 王牧洲.建筑绩效评估的机制与方法 [D].北京：清华大学，2017.

[54] 王任重.综合性医院住院环境使用后评价研究 [D].广州：华南理工大学，2012.

[55] 王昭雨，庄惟敏.日本建筑策划中SD法的信息化发展特征与启示 [J].新建筑，2021（3）：12-15.

[56] 肖采薇.当代中国剧场建筑使用后评估框架研究 [D].北京：清华大学，2013.

[57] 邢立华，聂书琪.医院与城市共生：都市型医院设计策略研究 [J].建筑技艺，2022，28（7）：86-90.

[58] 徐璐思.继续"生长"的生态医院城：香港大学深圳医院二期工程 [J].中国医院建筑与装备，2021，22（7）：29-32.

[59] 薛铁军.医疗建筑空间与流线组织的人性化 [D].天津：天津大学，2004.

[60] 羊轶驹.绿色医院评价指标体系与综合评价模型研究 [D].长沙：中南大学，2014.

[61] 杨阳.循证设计导向的城市公园游憩效益评价研究 [D].广州：华南理工大学，2019.

[62] 叶青.绿色建筑 GPR-CN 综合性能评价标准与方法：中荷绿色建筑评价体系整合研究 [D].天津：天津大学，2016.

[63] 叶苑青.综合医院模块化设计的探讨研究 [D].广州：华南理工大学，2013.

[64] 张玛璐.大型综合医院建筑综合效率 [D].重庆：重庆大学，2019.

[65] 张琼.面向品质提升的既有住区建筑实态与评估体系化研究 [D].大连：大连理工大学，2019.

[66] 张声扬.大型综合医院公共空间的人性化设计实践与探索 [D].广州：华南理工大学，2012.

[67] 张维.《建筑策划：问题搜寻法》五个版本的演变研究 [J].住区，2015（4）：42-47.

[68] 张伟锋.寻路视角下的大型综合医院公共空间设计研究 [D].北京：北京建筑大学，2019.

[69] 张修江，隋冰.医疗街 - 网格化医疗体系在大型综合医院设计中的适用性浅析：以浑南国际医院规划设计为例 [J].建筑技艺，2016（11）：119-121.

[70] 张勇.综合医院急诊部建筑用后评价体系研究 [D].北京：北京建筑工程学院，2012.

[71] 章开文，胡亮，朱加丰.新建综合医院设计的重点与难点 [M].北京：中国标准出版社，2022.

[72] 赵泽昆.生长模式下的医疗街设计研究 [D].长沙：湖南大学，2017.

[73] 郑闻天.广州市大型综合医院门诊部公共空间使用后评估 [D].广州：华南理工大学，2019.

[74] 中华人民共和国住房和城乡建设部.建筑设计防火规范：GB 50016 — 2014[S].北京：中国计划出版社，2014.

[75] 中华人民共和国住房和城乡建设部.综合医院建筑设计规范：GB 51039 — 2014[S].北京：中国计划出版社，2015.

[76] 周同.美国 LEED-NC 绿色建筑评价体系指标与权重研究 [D].天津：天津大学，2014.

[77] 朱坚鹏.基于 AHP 的住宅区公共服务设施评价体系研究 [D].杭州：浙江大学，2005.

[78] 朱静怡.基于 AHP 与 SD 法的城市公园景观评价研究 [D].杭州：浙江大学，2021.

[79] 朱蕾，罗洋.结构解析：医院公共空间系统化设计探究 [J].建筑技艺，2018（4）：124-126.

[80] 朱小雷，吴硕贤.基于建成环境主观评价的设计决策分析：结合珠海莲花路商业步行街环境评价调查分析 [J].规划师，2002（9）：71-74，88.

[81] 朱小雷.非介入性评价方法研究：广州某居住小区建成环境主观评价 [J].华中建筑，2006（8）：116-118.

[82] 庄惟敏，梁思思，王韬.后评估在中国 [M].北京：中国建筑工业出版社，2017.

[83] 庄惟敏.建筑策划与设计 [M].北京：中国建筑工业出版社，2016.

图书在版编目（CIP）数据

综合医院医疗街设计研究 / 郭晔，谭雅秋著 . —北京：中国建筑工业出版社，2024.3

ISBN 978-7-112-29704-7

Ⅰ.①综… Ⅱ.①郭… ②谭… Ⅲ.①医院—建筑设计 Ⅳ.① TU246.1

中国国家版本馆CIP数据核字（2024）第059363号

数字资源阅读方法

本书提供全书图片的电子版（部分图片为彩色），读者可使用手机 / 平板电脑扫描右侧二维码后免费阅读。

操作说明：

扫描右侧二维码→关注"建筑出版"公众号→点击自动回复链接→注册用户并登录→免费阅读数字资源。

注：数字资源从本书发行之日起开始提供，提供形式为在线阅读、观看。如果扫码后遇到问题无法阅读，请及时与我社联系。客服电话：4008-188-688（周一至周五9:00-17:00），Email：jzs@cabp.com.cn。

责任编辑：李成成

责任校对：赵　力

综合医院医疗街设计研究

郭　晔　谭雅秋　著

＊

中国建筑工业出版社出版、发行（北京海淀三里河路9号）

各地新华书店、建筑书店经销

北京海视强森文化传媒有限公司制版

北京中科印刷有限公司印刷

＊

开本：787 毫米 ×1092 毫米　1/16　印张：13¾　字数：224 千字

2024 年 6 月第一版　2024 年 6 月第一次印刷

定价：**99.00** 元（赠数字资源）

ISBN 978-7-112-29704-7

（42711）